The childrens personality
formation and cultivation

西方心理学名著译丛

儿童的人格形成及其培养

【奥地利】阿尔弗雷德·阿德勒 著　韦启昌 译

图书在版编目(CIP)数据

儿童的人格形成及其培养/（奥地利）阿尔弗雷德·阿德勒著；韦启昌译.
—北京：北京大学出版社，2014.6
（西方心理学名著译丛）
ISBN 978-7-301-24250-6

Ⅰ.①儿… Ⅱ.①阿…②韦… Ⅲ.①儿童心理学-人格心理学-研究
Ⅳ.①B844.1

中国版本图书馆 CIP 数据核字（2014）第 097763 号

书　　名　儿童的人格形成及其培养
　　　　　ERTONG DE RENGE XINGCHENG JI QI PEIYANG
著作责任者　［奥地利］阿尔弗雷德·阿德勒　著　韦启昌　译
丛书策划　周雁翎　陈　静
丛书主持　陈　静
责任编辑　陈　静
标准书号　ISBN 978-7-301-24250-6
出版发行　北京大学出版社
地　　址　北京市海淀区成府路 205 号　100871
网　　址　http://www.pup.cn　新浪微博：@北京大学出版社
微信公众号　科学与艺术之声（微信号：sartspku）
电子信箱　zyl@pup.pku.edu.cn
电　　话　邮购部 62752015　发行部 62750672　编辑部 62752021
印 刷 者　北京鑫海金澳胶印有限公司
经 销 者　新华书店
　　　　　720 毫米 × 1020 毫米　16 开本　13.5 印张　200 千字
　　　　　2014 年 6 月第 1 版　2019 年 1 月第 12 次印刷
定　　价　49.00 元

目　　录

译 者 序

问题儿童表现出来的“不良”行为，只是表象而已，这些表象的背后就是由于这些孩子在追求完善、追求优越的过程中迷失了正确、有用的方向，他们因而选择了无用的、错误的发展方向。解读孩子出现的问题的含意并矫正孩子心理缺陷的前提，是对人格形成和结构有一个确切的了解。本书正是对儿童人格构成做了全面、透彻的阐述，在这个过程中，作者还讨论了人的天性、遗传的作用等问题。

本书著者阿尔弗雷德·阿德勒(1870—1937)是奥地利著名心理和精神病理学家。他早年学医,大概在1900年开始探索、研究人的心理疾病。他是提出关于人的自卑感概念和理论的第一人。在1937年出版的《人的器官缺陷及其心理补偿》一书中,他提出人的生理缺陷带来了人的自卑感;如果人对自卑感无法找到满意的补偿,那么,人就会有精神疾病,亦即心理、感情的功能性紊乱和失调。后来,他进一步完善了他关于自卑感及其补偿这一核心理论,并创建了个体心理学。他推而论之,认为人的一切努力都指向克服人的不足感——这种不足感是每个人都体验过的,尤其是在人的幼年时期。人的冲动就是要努力达到完善,这表现为争取获得优越感,也就是对人的不足感和自卑感的一种过度补偿。个人的人格——包括他的目标、他为达到这一目标的努力方式——决定了他的一整套生活方式。个人的人格,或者说他的生活方式,在一个人的早年业已形成。他的生活方式一旦形成,他对事物的理解方式、感觉方式及对事物做出的反应就都无不以他的这一生活方式为依据。另外,阿德勒强调个人必须与社会构成联系。个人只是社会的一分子,一个人对待社会中同类的态度,以及与他人的合作能力,直接影响着他的心理健康。

阿德勒认为，一个人健全的精神心理是以他的理智、对他人及社会的兴趣和关怀、对于自卑的克服为标志；精神疾病则是以自卑感肆虐、自我中心、全力寻求自己的利益而罔顾他人等特征为记号。由于人格结构形成于儿童期，所以，要找出人格心理问题的症结只能从人的童年时期入手。另外，既然关乎人的一生精神健康的人格形成于儿童期，那么，帮助儿童形成健康的人格就变成了头等重要的事情，这也就是"教育"一词在阿德勒心目中的含意。阿德勒毕生致力于研究人格在幼年时期的形成过程，他对于儿童教育的理论是他作为心理学家的研究工作的成果，或者说，副产品。

阿德勒的儿童教育理论围绕着如何帮助儿童形成一个正常、健康的人格这一核心问题。如果我们把对孩子的教育仅仅理解为致力于向孩子灌输空洞的道德说教、枯燥抽象的书本知识，那么，我们就会发现阿德勒在这本书里提出了一种全新的、和上述对教育的见解迥然有别的理论。阿德勒反复强调要用正确的方法帮助培养孩子的独立、自信、勇敢、不畏困难的品质，以及与他人合作的意识和能力，一句话，培养孩子健全的人格——这才是儿童教育的首要目的。其他诸如如何帮助孩子积累书本知识以提高他们的智力一类的问题则是儿童教育的枝节和皮毛。这是因为孩子只有具备了健全的人格和精神心理，才能客观地看到事物的本来面目。而所谓的智力，不也就是客观地理解和处理人和事的能力吗？阿德勒甚至指出：儿童太过沉迷于阅读并不是一件好事情——他应该多在户外活动，和他的伙伴一起玩耍；阿德勒提醒我们注意那些阅读量超乎寻常的孩子：他们有可能利用积累知识来追求优越感，而这种争取优越感的

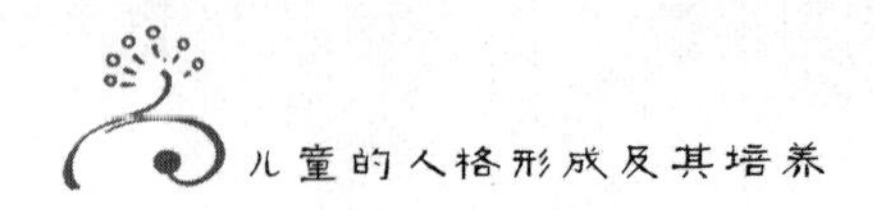

方式其实并不足取，这种方式和一些孩子的搜集物品的倾向及哗众取宠的习惯在本质上是一样的。孩子在成长过程中会出现很多问题，这些问题各种各样，孩子的害羞、孤僻、口吃、尿床，或者无心向学，甚至打架闹事、触犯法律——所有这些问题都在本书得到细致的分析。问题儿童表现出来的“不良”行为，只是表象而已，这些表象的背后就是由于这些孩子在追求完善、追求优越的过程中迷失了正确、有用的方向，他们因而选择了无用的、错误的发展方向。解读孩子出现的问题的含意并矫正孩子心理缺陷的前提，是对人格形成和结构有一个确切的了解。本书正是对儿童人格构成做了全面、透彻的阐述，在这个过程中，作者还讨论了人的天性、遗传的作用等问题。因此，本书内容已经超出儿童教育这一专门领域。它是一本探讨人性、人的心理、人与社会的关系等一系列问题的力作。

作为心理学家的阿德勒对儿童人格形成及其培养的理论，既独到又深刻。虽然这本书发表距今已经数十年，但他的见解在当今中国，对于为人父母者或者教师，或者所有关心或从事儿童教育工作的人们，仍然具有振聋发聩的作用，这是译者的看法，也是译者翻译这本心理学和教育学名著的原因。当然，所有喜欢了解人——了解孩子，了解自己——的人都会通过阅读这本书得到教益。

译　者

第一章

导　言

从心理学的角度看，教育对于成年人来说，其实就是认识自己和用理性指导自己；对于儿童来说也是一样，但两者之间有这样一个区别： 由于儿童处于发育阶段，给予他们指导——成年人其实也需要这个指导——就显得格外重要。

从心理学的角度看，教育对于成年人来说，其实就是认识自己和用理性指导自己；对于儿童来说也是一样，但两者之间有这样一个区别：由于儿童处于发育阶段，给予他们指导——成年人其实也需要这个指导——就显得格外重要。如果我们愿意，我们尽可以任由孩子按照自己的意愿成长；如果他们也像现代人那样，有两万年的时间去发展文明，并且环境又许可的话，他们最终还是可以达到现在的文明高度。既然这样做没有可能，那么，成年人就有必要关注儿童的成长发育，给予他们必需的指导。

但这里最大的困难在于人们的无知。成年人要了解自己：了解自己的爱憎和感情的成因——总之，了解自己的心理，本身就相当困难。那么，了解孩子，并在掌握一定认识的基础上指导他们就更是加倍的难事了。

个体心理学专门研究孩子的心理，这固然是为了了解孩子，但同时，对于孩子心理的了解会帮助我们了解成年人的性格特征和行为。个体心理学的方法有别于其他心理学的方法：个体心理学的理论紧密结合实践，两者并不脱节。它集中研究人格的统一体，并研究这人格统一体为寻求发展和表达而做出的强劲努力。从这一观点出发，科学知识本身就是实际生活的指南，因为所谓知识也就是知道什么是谬误；谁要是获得了个体心理学这方面的知识——心理学家也好，父母也好，朋友或个人自己也好——谁就能马上懂得实际运用这些知识指导人格的发展。

个体心理学所采用的这一方法，决定了它的学说是一个有机的整体。个体心理学认为：人的行为由个人的人格统一体发动和指引，人的行为反映了人的心理活动。在第一章，我试图完整地陈述个体心理学的观点；以后各章比较详细地探讨这一章所提出的各种相关的问题。

关于人的成长的一个根本事实就是：人的精神心理总是强有力地、带有目的地追求。孩子从出生的时候起，就不断地挣扎成长。这种成长的目标就是伟大、完美和优越，这个目标是无意识形成的，但这目标却无时不在。这种挣扎，这种目标的形成，当然反映了人类独特的思维和想象能力；这种挣扎主宰了我们一生中的具体的行为；它甚至主宰我们的思想，因为我们的思维并不是客观的，思维受制于我们形成的目标和生活方式。

人格的统一体在人的一生中隐而不显。每一个人代表了一个人格的统一体和这个人对自己的人格统一体的独特安排与塑造。因此，一个人既是一件画作，又是描画这一画作的人。他是他的人格的描画者。虽然如此，他既不可能不犯错误，也不会对自身的灵魂和肉体都具有完整的认识——他只是一个脆弱、极易犯错和欠缺完美的人。

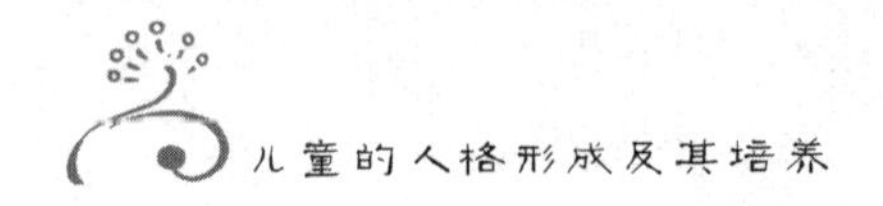

在考虑人格的构成时，要注意到：人格的统一体，还有它独特的方式和目标，并不建立在客观现实之上；相反，一个人对生活事实的主观看法才真正是他的人格结构的基础。人对事实的看法和观念，并不就是这事实本身；因此，人类虽然生活在一个充满同一样事实的世界，但却各自以不同的方式塑造自己。每个人都根据他对事物的看法来调节自己；他的看法有对的，也有不那么对的。一个人在成长过程中出现的错误和失败需要我们认真地分析，尤其需要分析一个人在儿童早期形成的对事物的偏颇认识，因为这些偏颇的认识主宰着这个人以后的一生。

下面的病例就是这方面的一个具体例子。这是一个 52 岁的女人。她没完没了地贬损比她年长的女性。她告诉我们，在她还是小孩子的时候，她就总感觉到别人轻视她，她为此感到屈辱，因为她的姐姐得到了所有人的注意。运用个体心理学的一个我们称之为“垂直”的观点来考察这一个案，我们可以在这个女人的生命初期和现在——亦即她的生命的末期，看到那同样的心理原动力和同样的心理运作过程。这个女人总担心别人瞧不起她；看到别人比自己更招人喜爱，就会心生怨恨。一旦掌握了这两个事实，即使我们对于这个妇女的一生或者她的人格统一体一无所知，但我们几乎可以在此基础上填补对她了解的空白。在这一方面，心理学家就像一个小说作者：他以一条确定的主线重新塑造一个人。这条主线由一个人特定的动作、生活方式或者行为模式所组成；塑造出的这个人要大致不差地符合一个人格整体的印象。一个优秀的心理学家甚至能够预测到在某些特定的情况下这个妇女的行为，并清晰地描绘出她这独特的“生命主线”所附带的人格特征。

人的挣扎、追求，或者寻找目标的活动，导致形成个人的人格；但其前提却是另一个重要的心理学的事实：这就是人的自卑意识或自卑感。所有的儿童都有一种内在的自卑感，它刺激想象力并诱发企图去改善个人的处境，以消除自卑感。个人处境的改善导致自卑感的减弱。心理学把这视为一种心理补偿。

自卑感以及对自卑感的心理补偿机制为人们犯错误打开了方便之门。自卑感或许能促进人们做出客观成就，但人们对自卑感也许只做出纯粹心理上的调节——这反而拉大了个人和客观现实之间的距离。又或者，自卑感的严重程度使人们不得不发展出一些心理特征以作心理的补偿——这些最终改变不了现状，但却满足了人的不可避免的心理需要。

例如，三种类型的孩子很清楚地表现出他们具有补偿性的心理特征。这些孩子分别为：生来就有衰弱或带有缺陷的身体器官；从小受到严厉的管教，从来没有感受过父母的慈爱；从小被娇宠过甚。

这三种类型的孩子代表了三种基本的处境；考察这三类孩子，我们可以更好地了解较正常类型的孩子的成长过程。不是每一个孩子都是生而残疾的，但令人吃惊的是，很多孩子都在不同程度上表现出某些心理特征——这些心理特征一般由衰弱的身体或带缺陷的器官所引发；从残疾儿童提供的极端例子可以细究这些心理特质的原型。至于另两类孩子——受到恶劣对待和饱受宠爱的两类，几乎所有的孩子，都在不同程度上属于其中一类，甚至两类都兼而有之。

上述三种基本处境使孩子产生欠缺或自卑的感觉；同时，为回应这种欠缺感或自卑感，这些处境的孩子会形成一种超乎人力的雄心。自卑感和追求优越感是人生的同一个基本事实的两面;因此,两者纠缠不清。在病理学上,很难区分清楚到底是过度的自卑感在作祟,抑或是优越感的强烈追求在发挥作用;但后者害处更大。这两者有节奏地起伏并共同进退。过度的自卑感刺激起孩子膨胀的野心,这种野心毒害孩子的心灵,使他永远不安于本分。这种不满情绪全无用处,它不会导致有益的活动,因为这种不满源自于大得不成比例的野心。这种野心藏头露尾地从孩子的性格特征和行为举止上反映出来。孩子受到这种野心无休止的刺激,会变得过分敏感,时时提防着遭受他人的伤害或蔑视。

这种人——个体心理学学刊记载的尽是这些人的个案——长大成人以后,才智能力仍然沉睡未醒,他们变成我们所说的"神经兮兮"的,或者性格怪僻的人。这种人,如果发展至极端,最终会变成一个不负责任的人或者沦为罪犯,因为他们头脑里只有他们自己,而没有别人。他们是绝对的自我主义者,道德上和心理上都是如此。他们中的好些人,回避现实和客观事实,为自己构筑起一个全新的世界;他们做着白日梦,沉溺于幻想,仿佛那些就等同于现实——这样,他们终于成功地获得心理的安宁。他们在头脑中虚构出另一种现实,借此他们和客观现实达到和解。

判断孩子或个人是否获得成长的一个明确标准,就是孩子或个人所表现出来的社会感情,这标准应受到心理学家和为人父母者的注意。社会感情的强弱是一个人获得正常成长的关键性和决定性因素。任何削弱孩子的社会和团体感情的事情,都会危害他们的精神成长。从孩子社会感情的强弱程度,可以检

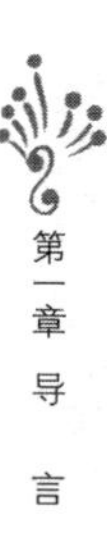

查出孩子是否获得了正常成长。

围绕着培养孩子的社会感情这一原则,个体心理学发展出教育孩子的方法。孩子的父母或监护人不应该让孩子只跟一个人建立紧密的联系,因为这样做,孩子就势必不能为将来的生活做好充足的准备。

了解孩子的社会感情的一个好方法,是仔细观察他入学时的表现。刚进校门,孩子迎来了一个对他最早和最严峻的考验。学校对于儿童是一个新的环境,孩子如何面对新的环境和接触新的人都会在此暴露无遗。成年人普遍不懂得怎样帮助孩子为进入学校这一新环境做准备,这解释了为什么很多父母在回想起他们孩子的学校生活时,觉得那简直是一场噩梦。当然,如果教育得法,学校常常能够弥补孩子早期教育的欠缺。理想的学校应该是连接家庭和广大现实世界的中介物;它不仅提供书本知识,而且还应该是一个传授生活的学问和生活的艺术的地方。但在等待理想学校的出现,以弥补父母教育所留下的缺陷的同时,我们也应该留意父母家庭教育的弊端。

对于家庭教育的弊端,学校只能够起着显示器的作用,这恰恰因为学校还不是一个十全十美的环境。如果父母没有教育好孩子如何与他人接触,那么,孩子进入学校时就感觉到落落寡合、孤立无援。他们因此会被视为古怪的孩子。这样,孩子从一开始就感到孤立无援、束手无策,且随着时间变得越来越厉害。他们的成长由此受到压抑,他们也就变成行为问题儿童了。人们把这种情况的出现归咎于学校,其实,学校只不过引发了家庭教育的潜在问题而已。

行为问题儿童能否在学校取得进步,这是个体心理学还没有取得定论的问题。我们所能证明的是，如果孩子刚进入学校，就开始遭遇失败，那就是一个危险的讯号。它表示的与其说是在学习上的失败，不如说是在心理上的失败。这意味着孩子已开始对自己失去信心。他已经开始气馁，开始躲避正常的途径和任务；他全力以赴地独辟蹊径，他不走社会已经指定安排的大道；他选择一条个人的途径，去获取某种优越感以补偿他的欠缺感。对失去信心的人来说，最具有吸引力的不外是最快捷地满足心理上对成功的渴求。甩开社会的道德义务，并且用破坏法律的手段来突出自己，使自己获得一种征服者的感觉——这比走社会的既定道路要容易得多。但选择这条捷径的人，很清楚，是内在怯懦和虚弱的，尽管他的外在行为表现出相当勇敢无畏。这种人只肯做他认定能十拿九稳地能取得成功的事情，他以成功炫耀自己的非同凡响。

正如我们观察到的，作奸犯科的人尽管表面上无所畏惧，其实骨子里是十足的虚弱。同样，那些外表表现出勇敢无畏的孩子，内心都有一种软弱感，这些，我们可以通过各种微小的迹象观察到。例如，不少孩子站立的时候不是挺直腰杆(很多成年人也是如此)，他们总是要挨靠着某一样东西。采用古老的训练方法，可以治标，但不能治本——人们会对孩子说："站直了！"但事实上，问题并不在于孩子倚傍某样东西的动作，而是在于他总需要获得某种支撑和支持。我们可以通过惩罚和奖励，很快地说服这个孩子消除这种软弱的表现，但这孩子对于获得别人帮助的强烈渴求并没有得到满足。他的毛病继续存在。一个好的教师，能够读懂孩子的这些迹象，并且能够以同情和理解去帮助孩子消除潜在的毛病。

从某一个单一的迹象,我们就可以推断出孩子所具有的素质和性格特点。如果孩子无法摆脱倚傍某样东西的心理,那么,马上可以知道,这孩子肯定会有诸如焦虑和依赖等特征。把他的情况和我们熟知的类似孩子做一比较,我们就可以重构出这一类型的孩子的人格;也就是说,这孩子属于被娇宠的一类。

现在我们探讨另一类孩子的性格特征,这一类孩子从来没有得到过慈爱。研究那些作恶多端的人的生平,我们就可发现他们的性格都有这一类孩子的特征,不过,这些特征在他们的身上发展至登峰造极的地步。最为明显的是这一事实:这些穷凶极恶的分子,他们在孩提时都受到过恶劣的对待。这样,他们形成了冷酷的性格,他们怀有嫉妒和恨意。他们不能容忍别人的幸福。这一类的嫉妒者并不仅出现在坏人当中,所谓正常的人当中也不乏这一类人。他们认定他们管教的孩子不应该比他们自己的童年时代过得更加幸福。他们把这一观点应用到他们的孩子身上,那些监护别人的孩子的人也是这样。

他们的观点和看法,并不是出于恶意。这些观点只是反映了那些在成长时期受到过恶劣对待的人的精神状态。这些人能拿出各种很好的理由和格言,例如,“收起棍子,害了孩子”!他们拿出无数的证据和例子,但这些都无法使我们相信他们是对的。因为僵硬、专横的教育是徒劳无功的。这样的教育只会使孩子疏远这些他们的教育者。

考察一个人的种种不健康症状并把这些症状联系起来考虑,这样,经过再三的实践,心理学家就可以整理出这个人的人格系统,通过这个人格系统我们就可以了解这个人的秘密的心理活动。我们借助这一人格系统所考察的每一点,都应反映出

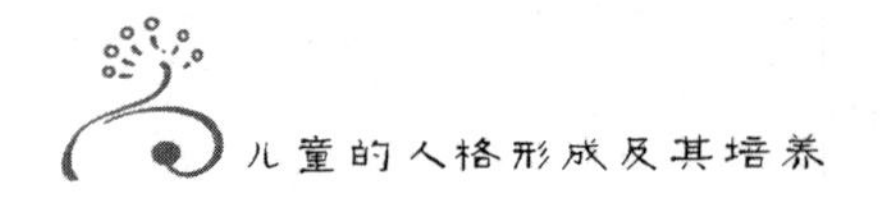

这个人的整个人格的某些部分。但是,只有当我们考察的每一点都显示出同样的东西,我们才感到满意。因此,个体心理学既是一门科学,又是一门艺术。整套的概念和由此及彼的推论都不可以通过死板、机械的方式生搬硬套在被研究者的身上,这一点非常重要。我们研究工作的重点是被研究者个人;我们不可以抓住一个人的一两个表现方式,就得出大而无当的结论;我们要找到所有可以支持我们的结论的东西。只有当我们成功地证实我们的假设,能够在某个人的行为或其他方面都找到,例如,同样的顽固、气馁的迹象,我们才可以有把握地说:这个人的整个人格具有顽固、气馁的特质。

不要忘记,我们研究的对象并不了解他表达自我的方式,所以,他无法隐藏他真正的自我。要了解他的人格,不是通过他对自己的看法和认识,而是通过他的行动,通过把他的行为联系起来分析。并不是说这个人想故意向我们说谎,只是我们已经明白:一个人的有意识的思想和他无意识的动机之间存在着巨大的距离。只有具备同情心,但又保持客观的旁观者,才能把上述两者联系起来。这个旁观者——心理学家或父母或教师——应该学会在客观事实的基础上解读一个人的人格,而所谓的人格,也就是人的挣扎、追求的一种表达——人的挣扎、追求具有他的目的,但这目的却或多或少不为他本人所意识。

因此,每一个人对待下面三个关于个人和社会生活的基本问题的态度,比任何别的东西都更能表现出他的真正的自我。

第一个问题涉及社会关系。这问题在我们讨论对现实的个人看法和客观看法之间的差别时已经谈到过。除此之外,社会关系的问题会具体表现为人的某一特定的任务——这就是结交朋友和与人相处。个人如何面对这一问题？他的回答是什么？假如一个人说，朋友交往和社会交往是无关紧要的，并且他相信这样回答就回避了这一问题，那么，“无关紧要”就是他的回答。从这一无所谓的态度，我们当然可以得出关于他的人格的方向和结构的结论。另外需要注意的是，社会关系并不局限于认识朋友和与人交往，诸如友谊、友爱、诚信和忠心等抽象素质也都包括在内。对于社会关系问题的回答就显示出这个人对于所有这类问题的回答。

第二个根本问题是关于一个人打算如何运用他的一生——他想在社会劳动分工之中发挥什么样的作用。如果说社会关系是由超过一个的自我组成：由你-我的关系所决定，那么，这第二大问题则是由人-大地的根本关系所决定。人和大地形成互相的关联。他向大地希冀什么？和第一个问题一样，对事业这一问题所做出的回答，不是个人的或者单方面的事情，这关乎人与大地的关系。这关系涉及双方，并不是人单方所能决定。要取得事业成功并不取决于我们个人主观的意愿，还要联系到客观的现实。基于这个原因，一个人对于职业问题的回答和他回答的方式很可能反映出他的人格及他对生活的态度。

第三个根本问题的根源是人类分为两个性别的事实。对这一问题的解决同样不是一件个人的、主观的事情；只能根据这种关系的内在客观逻辑来解决问题。我和异性应该如何相处？认为这是一个个人的、主观的问题同样是错误的。只有全面考虑所有围绕着两性关系的其他问题，我们才可以找出正确的处理办法。无法正确解决好爱情和婚姻问题，就意味着人格的一种缺陷。对这一问题处理不当，会带来许多有害的后果，只有参照潜在的人格缺陷，才能明白这些有害的后果的原因和含义。

所以，根据一个人对以上三个问题的回答方式我们就能够发现这个人大致的生活方式和他独特的目标。一个人的目标是全能的。它决定这个人的生活方式，并反映在这个人的行动上。因此，如果一个人的目标是做一个合作、友爱的人，向着生活的建设性的一面，那么，这个人解决问题的办法都会留着他的这一目标的印记，和反映出一种良好的建设性，这个人也就感觉到了幸福；他的建设性的活动，为他带来了价值感和力量感。如果相反，一个人的目标指向生活中的主观的消极的一面，那么这个人就无力解决根本的问题。他就体会不到妥善解决这些问题所带来的快乐。

这些根本问题彼此密切关联。由于在社会生活当中，这些根本的问题会派生出某些特定任务和工作，而这些任务和工作只能在一种社会背景下，或者换句话说，在社会感情的基础上才可以妥善完成，所以，这些根本问题之间的关联变得尤为密切。这些任务和工作在儿童的早期就开始出现：我们的感觉，如观看、说话、倾听等活动，在经受着社会生活的刺激；在和我们的兄弟、姐妹、父母、亲戚、伙伴、朋友和老师的相处过程中发育成长。这些任务和工作，就这样伴随一个人的一生，脱离了和他的同类的社会接触，一个人的一生也就注定是失败的。

所以个体心理学有充足理由把对于社会有益的事情视为“正确”。偏离社会的标准和要求就是有违“正确”，它必然与现实的客观规律和现实的客观必然性发生冲突。这种与客观现实的冲突，首先就表现在：做出这种有违“正确”的行为的人会感受到一种无用感;其次,受侵害的他人做出的报复回应更有力地表现了上述那种与客观现实的冲突。最后,可以说,违反社会的标准和要求也就是扰乱了人们内在的社会理想——我们每一个人都有意识或无意识地怀有这种理想。

因为个体心理学强调运用孩子的社会意识来检测这个孩子是否获得成长,所以,个体心理学在分析和评估孩子的生活方式时,能够轻松自如。小孩一旦遭遇生活问题,就会暴露出他是否得到过“正确”的培养,也就是说,他会显示出是否具有社会感情、勇气、理解力和建立起一个有用的目标。然后,我们只需要找到他挣扎追求的节奏、他的自卑感的程度以及他的社会意识的强度等。所有这些都互相关联,互相渗透,它们形成一个不可割裂的统一体——除非这个统一体的结构上的谬误被发现和统一体的结构得以完成重建,否则,这个统一体是不可割裂的。

第二章

人格的统一体

儿童的心理是一件奇妙的事情，无论接触到哪一个方面、哪一个点，它都引人入胜。或许最奇妙的事情莫过于我们必须了解一个孩子的全部生活历史，才可以弄清楚他做的单一一件事情。这个孩子做的每一件事似乎都表达了他的全部生活和人格，不了解这一隐蔽的背景就无从理解他做的事情。这种现象我们名之为人格统一体。

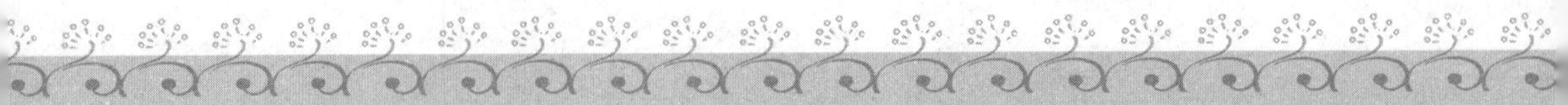

儿童的心理是一件奇妙的事情，无论接触到哪一个方面、哪一个点，它都引人入胜。或许最奇妙的事情莫过于我们必须了解一个孩子的全部生活历史，才可以弄清楚他做的单一一件事情。这个孩子做的每一件事似乎都表达了他的全部生活和人格，不了解这一隐蔽的背景就无从理解他做的事情。这种现象我们名之为人格统一体。

人格统一体的发展就是把人的行动和表达协调成为一个单一的模式，这种发展从幼年就开始了。生活要求孩子以协调统一的方式对生活做出回应，而他应付处境的协调统一的方式，不但构成了这个孩子的性格，而且使他的行为个性化，使之有别于其他儿童的类似行为。

人格统一体这一事实一般遭到众多心理学派的忽视，就算没有遭到忽视，它也不曾得到它应得的注意。事情的结果就是在心理学理论研究和病理学技术操作中，病人的某一个手势或者表情经常被单独挑出来研究，似乎它就是一个独立的整体。

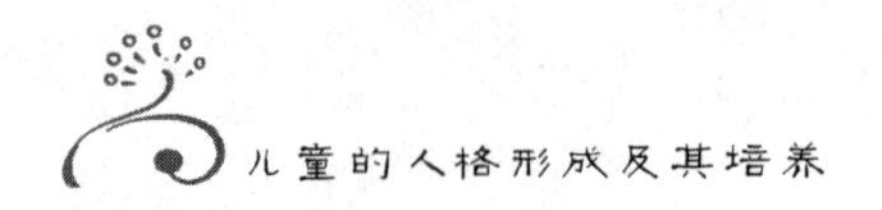

有时候，这种表情或手势被称为一种情结，其中的假设就是某一表情、动作可以从一个人的其他活动中单独分离。但这样的处理手法就等于从一整首乐曲中抽出一个单音，然后置其他的音不顾，单独琢磨这一个音的含意。这不是妥当的做法。但不幸的是这种做法已经相当普遍。

个体心理学迫不得已，只能抵制这一普遍的谬误。这个谬误应用到孩子教育上面将为害更甚。在这一方面，这一谬误反映在对孩子的惩罚上面。孩子如果做了招致惩罚的事情，那一般会发生什么事情呢？在某种意义上，人们会先考虑小孩留给人们的印象，但这通常对小孩弊大于利，因为如果这是小孩多次重犯的错误，教师或父母就会带着先入为主的态度，把小孩视为屡教不改。当然，如果小孩行为一直良好，那他留给人们的整体印象使人们不那么严厉地追究他的错误。但在这两种情况下，我们都没有深入到孩子的人格的统一体，找出孩子犯错误的真正原因——而这点正是我们应该做到的。这种情形犹如试图明白从整部乐曲中抽取的几个单音。

我们会问小孩为什么懒惰，但我们不可能期待这个小孩会知道我们想要知道的原因；同样，我们也不可能期待小孩告诉我们为什么他要撒谎。两千年来，深懂人性的苏格拉底所说的话在耳边回响："要了解自己是多么的困难！"既然这样，我们又有什么权力要求一个孩子回答这样错综复杂的问题？解答这些问题甚至对一个心理学家来说也是勉为其难的。了解一个人的个别行为的含意的前提，是要有办法理解这个人的整个人格。这个办法并不就是叙述这个孩子的具体行为，而是要了解孩子抱持什么样的态度对待摆在他面前的任务。

下面的例子说明了解一个孩子的生活的前因后果是多么的重要。一个 13 岁的男孩有一个妹妹。在 8 岁以前，他是家里唯一的孩子，那是他度过的最好时光。之后妹妹出生了。在此之前，他周围的每一个人都愿意满足小男孩的每一个愿望，他的母亲无疑对他宠爱有加。他的父亲是个善良、安静的人，儿子依赖他，他感到高兴。儿子当然更亲近妈妈，因为爸爸是个军官，经常离开家里。妈妈是个聪明善良的女人，她尽量满足那既依赖又任性的儿子的每一个心血来潮的要求。不过，她对儿子时常表现出的任性、不礼貌举动或者威胁性的动作感到不安。母子间出现了一种紧张的状态。这种紧张状态主要表现为男孩总是试图对母亲专横霸道，对她发号施令，捉弄她。一句话，他随时随地故意淘气，令人厌烦，以引人注目。

小男孩不断制造麻烦，但他也不是特别的坏，所以，他母亲就让着他，帮他收拾衣服，辅导他做功课。这男孩相信母亲会帮他解决遇到的任何困难。毫无疑问，他是个聪明孩子，他和一般孩子一样受到良好的教育。直到 8 岁那年，他一直学业进展顺利，这时候，他发生了重大的变化，他和父母的关系变得令人难以忍受。他完全自暴自弃，一副懒洋洋的样子，漫不经心，毫不在意——他以此折磨他的母亲。一旦母亲不给他所要的东西，他就扯她的头发；他总不给她一会儿的安静，不是捏她的耳朵，就是拉她的手。他拒绝放弃他的战略，随着小妹妹的长大，他更加坚持自己设计的行为模式。小妹妹很快就成为他捉弄的目标。他还不至于伤害妹妹的身体，但他对于她的嫉妒是显而易见的。他的恶劣行为开始于他妹妹诞生的时候，因为从那时起，妹妹成了家庭注意的焦点。

需要特别强调的是，在这种情况下，当一个小孩的行为变坏，或者某些新的令人不快的迹象出现的时候，我们不仅要考虑出现这种情况的时间，而且要调查引发这种情况的原因。“原因”这个词我是不得已才用的，因为一个妹妹的诞生竟会是她哥哥成为问题儿童的原因——这是一般人都不会理解的，但这种情况经常发生，两件事情的关系，究其实，只是男孩看待妹妹诞生的态度出现了谬误。两件事情的因果关系不是严格意义上的物理学的因果关系，因为我们不可以说，由于一个更年幼的小孩出生，所以，年龄大的小孩就要变坏。但我们可以说，当一块石头向地面下落，石头必然朝着某一个方向并且是以某一种速度下落。个体心理学所做的调查使我们有权宣称：严格意义上的因果关系并没有造成心理“下落”，造成心理“下落”的，只是那些人为的大大小小的错误。这些错误的发生，影响了一个人此后的成长。

人在心理成长过程中会犯下错误，这是毫不奇怪的事情。这些错误及其后果集中表现为某种失败，或者某种错误的人生方向。所有这些问题的根源在于人需要在心理上确立一个目标，而目标的确立涉及人的判断——这就给人犯错误提供了可能。孩子还年幼的时候就开始确立自己的目标，一般来说，在孩子 2 岁或 3 岁的时候，他就为自己确定了一个追求的目标——这一目标指引着他，他以自己的方式努力追求这一目标。通常在目标的形成过程中，小孩做出了不正确的判断；但目标一旦形成，它就开始约束、控制着孩子。孩子把他的目标具体地落实在他的行动上面，他调整他的生活，以便全力以赴地向着他的目标追求。

所以，孩子个人对事物的理解决定着他的成长，记住这一点很重要。同样，孩子在遇到一个新的和困难的处境时，他跳不出他头脑中已形成的错误圈子。客观情形在他头脑中留下的印象，就其深刻程度和本质而言，并不由这一客观事实或客观情形（例如，妹妹的出生这一事实）所决定；孩子的印象取决于他如何看待这一事实。这是反驳因果理论的充足根据：客观事实和客观事实的绝对含意之间有着必然的联系，但客观事实和对客观事实的错误见解之间却不存在这种必然的联系。

是我们的观点，而不是事实，决定了我们要走的方向——这是我们的心理真正的奇妙之处。我们的观点控制、调节我们的行动，我们的人格构成也以我们的观点为基础。主观思想指导我们的行动，关于这点的经典例子是恺撒登陆埃及的情况。他在跃上海岸时被绊了一下，摔倒在地上，罗马士兵把这视为一个不祥之兆。虽然他们都英勇无畏，但要不是恺撒挥动手臂喊道："我得到你了，非洲！"这些士兵就会掉头返回了。从这一例子，可以看出现实的构成并不那么因果相应，现实给予的效果，往往是经过了人的整体人格的重整。群氓无理性和理性常识两者间的关系也是如此。如果群氓无理性的狂热让位给理性，那并不是当时的形势根据因果关系决定这样，其实，两者都代表了当时人们的两种自发性的观点。通常，直到错误的观点成了强弩之末，理性常识才开始露面。

让我们回到小男孩的故事吧。可以说，他很快就发现自己陷入一种困境。没有人再喜欢他，他在学校进步不大，但他的行为丝毫不改。他这种不断干扰别人的行为，成为他的人格的一种完整表述。那么，在学校情况怎样呢？每当他骚扰了别人，他

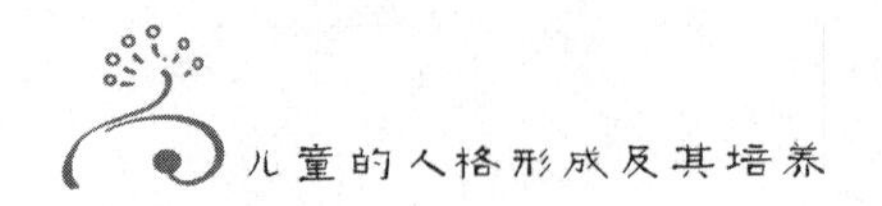

就受到老师的惩罚。他得到一份糟糕的报告书，或者，学校的投诉信会寄到他父母那里。情况一直就是这样，直到最后，人们建议男孩的父母不要再送他到学校去了，因为这男孩并不适合学校生活。

或许这小男孩对这样的解决办法求之不得呢。别的解决办法他都不喜欢。他的这种态度再次反映了他的行为模式里面的逻辑连贯性。男孩采取了一种错误的态度，但一旦采用这种态度，它就连贯地表现出来。他的目标是要成为众人注视的焦点——这是他犯的一个根本错误。如果他因为犯错误而遭受惩罚，那么，受到惩罚的应该是这个错误。这个错误的后果就是他不断试图让母亲围着他转。也正因为这一个错误，他俨然君王般地行事；他在享受了 8 年绝对的权力以后，突然被废黜了王位。直到他失去王位的那一刻，他还是他母亲唯一的孩子，而他眼里也只有母亲。然后，他妹妹到来了，他拼命挣扎要夺回他的王位。这是他犯的又一个错误。但这一错误可以得到原谅，因为这并不是品质的卑劣、恶毒。孩子对于这种处境全然没有任何的准备，并且在他的挣扎当中没有得到任何人的指引，这样，小孩才开始心生怨恨。例如，一个小孩只习惯于别人把注意力全放在他身上，突然间，处境换了个样。小孩要上学了，在学校里，老师对学生一视同仁。当这个小孩要求得到比其他同学更多的关注时，老师就会恼火。对于一个被娇宠惯了的小孩子来说，这种处境充满着危机。但从一开始，这小孩远远不是品质卑劣，无可救药。

可以理解，男孩的个人生活计划和学校所要求的生活计划之间发生了冲突。男孩人格的目标、方向和学校定下的目标分别指向岔开的方向。但男孩的目标决定着他生活中所发生的一切。他全身心向着他的目标努力,但学校期望每个孩子有一个正常人的生活计划,冲突是不可避免的。学校方面没有了解到处于这种处境的学生的心理,也没有给予适当的宽容,或者尝试找出冲突的根源,对症下药。

我们知道,孩子生活中的首要欲望就是要他母亲为他服务,为他操心。可以说,他的心理计划都是围绕着这样一个念头:我要控制母亲,一定要独占她。但学校老师却要求他独立学习,要求他照料好自己的书本、功课,把属于他自己的东西收拾得井井有条。这情形犹如在一匹暴烈的赛马的脖子上套了一辆马车。

当然,在这种情况下,小孩的表现不尽如人意。但如果我们明白真实的情形,我们就会偏向于同情孩子。惩罚孩子是没有用处的,因为这只会使他更加确信他不喜欢学校。如果他被学校开除,或者他的父母被要求把孩子带走,那么小孩就更接近达到他的目标了。他那出了差错的统觉系统欺骗了他。他觉得他赢了,因为现在他真的把母亲置于他的权力之下。她必须重新专心致志地为他效劳。这正是他求之不得的。

当我们明白了真实的情形,我们就必须承认找孩子的差错,惩罚他是没有用处的。例如说,他忘记了拿书——如果他没忘记那才怪呢——因为他忘记了,他的母亲就要为他操心了。这可不是一个单独的行为,它是这个孩子的整个人格计划的一部分。我们要记住,人格的各种表达互相一致,它们构成了一个整体。这样,我们就可以明白,这孩子只是依照他的生活方式行事。他的行事一贯和他的人格逻辑相吻合——这一事实,也就

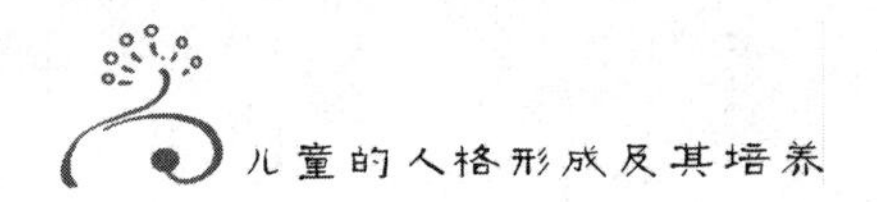

同时驳斥了这种假设：孩子无力完成他学校的功课，是因为他智力迟钝。一个智力迟钝的人是不可以始终如一地贯彻他的生活方式的。

这一相当复杂的例子还告诉我们：我们所有人都处于和这个男孩相类似的处境。我们的计划、打算，我们对生活的理解，从不会和既定的社会传统完全和谐一致。在过去，人们把传统视为神圣不可侵犯的，现在我们已经意识到人类社会的制度中并没有什么神圣或者确切不变的东西，这些制度都在发展变化。推动这一过程的动力就是社会中人们的挣扎和努力。社会制度是为人而设的，人不是为社会制度而存在的。个人的解放确实在于培养社会的意识；但培养社会意识并不意味着强迫个人接受千篇一律的模式。

个人和社会的关系是个体心理学理论的基础，对于这种关系的上述思考，可以尤为有效地应用于完善学校的制度，也可以应用于改善校方对那些一下子不适应学校生活的学生的态度。学校必须学会把学生视为一个具有独立人格的人，一件有待雕琢的璞玉，与此同时，学校必须学会应用心理学的见解去判断某些特别的行为；不应把这些行为，正如我们已经说过的，视为单个的音符，而是要把这单个的音符和整支乐曲联系起来——人的人格统一体就是一支完整的乐曲。

第三章

追求优越感及其对教育的意义

关于追求优越感的第一个问题是：这种追求是否和我们的生物本能一样与生俱来。我们的回答是：这是一个没多大可能成立的推想。我们确实不认为对优越感的追求是确切地与生俱来的；但是我们必须承认：对优越感的追求以某种胚胎的形式存在，它有潜在发展的可能。或许我们只能这样表达：人性和对优越感的追求是紧密相连的。

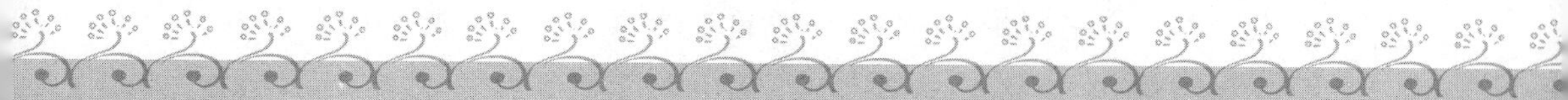

除了人格统一体，人性的另一个最重要的心理学事实就是人们对优越感和成功的追求。当然，这种追求和自卑感直接相关，因为如果我们没有感到自卑，我们就不会有突破现状的欲望。对优越的渴望和自卑感这两个问题，其实是同一个心理现象的两个方面，但为着分析的需要，把它们尽量分别开来研究会更方便一些。在这一章，我们试图集中研究人对优越感的追求，以及它在教育方面的意义。

关于追求优越感的第一个问题是：这种追求是否和我们的生物本能一样与生俱来。我们的回答是：这是一个没多大可能成立的推想。我们确实不认为对优越感的追求是确切地与生俱来的；但是我们必须承认：对优越感的追求以某种胚胎的形式存在，它有潜在发展的可能。或许我们只能这样表达：人性和对优越感的追求是紧密相连的。

当然，我们知道人类的活动局限于某些范围；人的某些潜能永远得不到发展。例如，我们永远不可能拥有狗的嗅觉能力，不可能用眼睛看见紫外线。但人的某些功能性的能力可以进一步得到发展。正因为人的能力有可能得到进一步的发展，我们才有了人追求优越感的生物学上的根源，这也是人的人格心理发展的根源。

正如我们所看到的，这种在任何情况下都要表现自我的强劲冲动，孩子和成年人都有。这种冲动无法根除。人性不可以容忍无休止的低下屈从，人甚至推翻了他的神祇。被侮辱、蔑视的感觉，彷徨和自卑的情绪，总会使人产生一种渴望去努力达到高一级的目标以获得补偿和达到完美。

我们可以表明，孩子的某些古怪的特征，是环境力量造成的。这些环境力量造成了孩子的自卑感、脆弱感和彷徨感，而这些感觉反过来刺激、影响了孩子的整个精神心理。这种孩子会下决心摆脱这种状况，达到新的高度以获取一种平等的感觉。小孩努力向上的渴望越激烈，他的目标就变得越高；他寻找的是他的力量的证明，但这些证明经常超乎人的能力范围。因为小孩经常能得到各方的照顾，所以，他得以幻想自己将来成为一个全能的上帝式的人物。孩子们挥之不去的幻想是他们与神灵相似——他们想象的某种方式显示了这一点。这种情况一般发生在感到自己很脆弱的孩子身上。

这有一个病例：一个 14 岁的孩子的心理状态相当糟糕。我们要求他回忆儿童时期的印象。他记得在他 6 岁的时候，因为不会吹口哨，他感到很痛苦。但有一天，当他走出家门的时候，他终于能吹口哨了。他实在太惊讶了，他相信这是上帝附在他身上吹口哨。这清晰地表明：人的脆弱感和想象自己是个上帝式的大人物，这两者之间有着密切的关联。

这种渴望优越感是和一些明显的性格特征联系在一起的。观察孩子的这种渴望，我们也就看到了这个孩子的全部野心。当孩子自我肯定的欲望变得异常强烈时，这个孩子就会产生某些嫉妒情绪。这种类型的孩子，很容易变得希望他们的竞争对手遭受厄运，岂止是希望——这经常导致神经疾病——这种孩子还会给人制造麻烦，做出伤害别人的行动，甚至不时地暴露出彻头彻尾的犯罪特征。这种小孩会揭短、谩骂、羞辱他人——他这样做是为了增加自己的价值，尤其是别人在场看着他的时候。他不容许别人超过他，所以，他自己增加价值或别人失去价值对他来说都是一样的。当权力的欲望变得太强时，他就表现出恶毒和报复心理。这些孩子总是表现出一种好斗和无畏的态度——它反映在他们的外表：他们闪烁的眼神，他们的突然大发雷霆以及随时准备着和想象中的敌人搏斗。对于想得到优越感的孩子来说，接受学校的考试是一件极其痛苦的事情，因为这样一来，他们的无价值或许就会轻易暴露出来。

这个事实显示出有必要用考试来调节，以适应孩子的个别情况。考试对于每个孩子，并不意味着同一样的事情。我们经常发现，一些孩子觉得考试是一件极其艰苦的事情，他们脸色由红转白，说话开始结巴，并且身体颤抖；他们又羞又怕，脑子变得一片空白。一些孩子不能单独回答问题，因为他们害怕别人看着他们。孩子对优越感的渴望，还表现在他们玩的游戏里面。例如，在玩赶马车的游戏里，那些特别强烈地追求优越感的孩子不会愿意扮演马匹的角色。如果他人扮演的是赶马车的人，他总是试图去做带头人或指挥者。但如果过去的经历妨碍他达到这一目的，他就会以扰乱别人的游戏为乐。如果他接二连三地受挫,并因此气馁,他的雄心就会被窒息。以后再出现新的情况时,他就会退缩不前了。

雄心勃勃、还未感受过气馁的孩子,喜欢各种各样的竞争性游戏。在遇到挫折时,他们会同样表现出惊恐、害怕。从孩子喜欢的游戏、故事和历史人物,我们就可以推断出他那肯定自我的程度和方向。我们甚至看到许多成年人崇拜拿破仑——因为对充满雄心壮志的人来说,拿破仑是最适合不过的偶像楷模。整天做着妄自尊大的狂想梦的人,显示出一种强烈的自卑感——它刺激失望的人们在现实之外寻找感情的满足和陶醉。类似的情况也出现在人们的睡梦之中。

孩子在追求优越感时会有不同的方向,这些不同方向之间的差别可以分为若干类。但我们不可能把不同的类型划分得泾渭分明,因为细微的差别很多——这些差别主要由孩子对自己的信心的大小决定。成长良好的孩子会进行有益的建树以获取优越感。他们会取悦老师,整齐清洁,他们是正常的学生。但经验告诉我们,这种情况并不占大多数。

另外一些孩子想优于别人,他们在这方面做出的努力异乎寻常,令人生疑。通常,他们的努力有雄心的成分,但这点很容易被人忽视,因为我们习惯于把雄心视为优点,习惯于鼓励孩子多做努力。这种做法通常是一个错误,因为目标太大会妨碍孩子的正常成长。雄心太大会给孩子带来紧张心理,孩子短时间里能承受这种紧张,但紧张会不可避免地加剧。小孩或许会花上太多时间在书本上,从而影响了他的其他活动。这类孩子经常回避其他难题,仅仅因为他们迫不及待地要在学校里做到成绩名列前茅。孩子这样成长,不能令我们完全满意,因为在这种

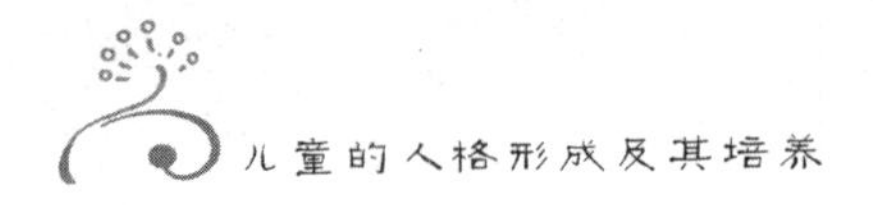

情况下,孩子的身心不可能健康地成长。

一个小孩以这种方式安排他的生活,以便超越所有其他人——这样的方式并不很适合孩子的正常成长。我们需要不时地告诉他不要花太多时间在书本上,要到室外走动,找他的伙伴玩耍,并且多关注其他事情。当然,这类孩子同样不会占大多数,但这种情况时有发生。

还有一种情况就是,在一个班里两个学生暗中较劲。如果有机会做一番仔细观察,就会发现这些竞争欲很强的孩子会形成一些并不那么令人喜欢的特征。他们会变得既羡慕又嫉妒。一个独立的、和谐的人格,不应有这两种品质。看到别的孩子取得成功,他们会感到苦恼;当有同学一马领先时,他们就开始有神经性头痛、胃痛等毛病;当别的同学受到赞扬时,他们就会退到一边去,他们从不会去赞扬别人。这是羡憎情绪的讯号,但它并不是很明显地反映出这类孩子所怀有的争强好胜的心理。

这些孩子和他们的伙伴相处得并不好。他们在每件事情上都想指挥别人,玩游戏时,他们不情愿去服从游戏的安排。这样做的结果就是他们不喜欢和大伙一起玩游戏,并且他们以高傲的态度对待同学。跟同学的接触令他们不愉快,跟同学接触交往越多,他们就越发感觉自己的位置不安全。他们从来没有对取得成功充满信心,一旦发现身处没有足够安全感的环境,就方寸大乱。他们背负着别人对他们的期待以及他们对自己的期待。

这些孩子会敏锐地感觉到家庭对他们的期望。他们总带着激动和紧张的心情去完成交给他们的任务,因为他们脑海中时常转着的念头就是超越别人,成为“令人瞩目的人物”。他们背着希望的重负，但只要情势对他们有利，他们仍会负重而行。

如果人类受到上天的赐予，掌握了绝对真理，并且能够找到一个完善的办法使孩子遭遇上述困难，那么，我们也就不会有行为问题儿童了。既然我们找不到这一办法，孩子学习成长的条件又不是尽善尽美，那么，很明显，孩子过分热切地期待成功就是一件危险的事情。在面对困难的时候，他们的感受有别于那些没有不良心理负担的孩子。我这里说的困难指的是不可避免的那些困难。让孩子们免遭困难是不可能的，并且可能永远都是这样。一方面是我们的教育方法亟须改进：我们的方法并不适合每一个孩子，我们也在不断地寻求改进它们。另外，也因为这样的一个事实：孩子过分的雄心会摧毁他们的信心。孩子缺乏足够的勇气去克服面对的困难。

雄心勃勃的孩子只关心最终的结果——人们承认他们的成功。成功如果得不到承认，就不会使他们满足。在很多情况下，如果遇到困难，更为重要的是孩子能保持心理的平衡，而不是他们马上着手解决这些困难。但一个过于雄心勃勃的孩子并不知道这一点，他感觉没有别人的赞赏就无法生活下去。这样的结果就是他们过于依赖别人的评价，这样的例子俯拾皆是。

面对人们的价值判断，能保持心理平衡是何等的重要。这可从某些器官发育不好的孩子身上看得出来。这种类型的孩子当然极为普遍。很多儿童身体的左半部比右半部发育得更好，这事实通常不为人知。一个左撇子儿童在我们这一右撇子的文明世界里遭遇到很多的困难。我们发现几乎无一例外的是，左撇子儿童在书写、阅读和绘画方面存在极大的困难，他们在运用手的方面一般都显得笨拙。我们需要用某些方法去发现一个孩

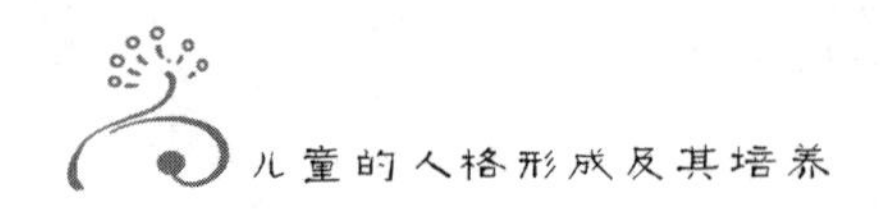

子是左撇子还是右撇子，一个简单但不完全的发现办法是要求孩子们双手交叉叠起。左撇子的小孩会把左手放在右手上面。令人吃惊的是很多人是天生的左撇子，而他们并不知道这一点。

调查许多左撇子小孩的以往生活时，我们会发现以下这些事实：这些小孩通常被视为笨拙（这在我们以右手为主的世界并不奇怪）。要体会个中情形，只需想想在习惯了右边行车的时候，在一个左边行车的国家（英国或阿根廷）穿过马路的情景就行了。左撇子儿童的情况更糟，在家里所有其他人都用右手，他用左手扰乱了家人和他自己的生活。在学校学写字时，他比平均的水平要差。因为个中原因不被理解，所以，他受到埋怨，获得差的分数，并经常受罚。这小孩除了相信他在某些方面能力不如别人以外，他不会把他的处境理解为别的样子。他会感觉遭受不公、低人一等，或者他会觉得无法跟人家竞争。在家里他的笨拙动作又受到埋怨，这更加深了他不如别人的感觉。

自然，这孩子不一定会一蹶不振。但很多儿童在类似的情形下会放弃努力。他们不明白自己真实的处境，又没有人向他们解释如何克服困难，所以，要坚持不懈地继续努力有相当的难度。因此，很多孩子因为没有充分地训练右手，所以，字写得潦草难懂。有一个事实可以证明这个困难可以克服：在许多一流的艺术家、画家和书写工匠当中，有很多是天生左撇子。他们通过单纯训练掌握了善用右手的能力。

有一种迷信认为天生的左撇子如果受训使用右手，他们讲话就会变得结结巴巴。对这种现象的解释是：左撇子孩子有时候要面对很多的困难，他们甚至失去说话的勇气了。这也就是为什么那些表现出种种气馁的人（神经症患者、自杀者、罪犯、变态者等）当中有特别多的左撇子。但在另一方面，克服了左撇子问题的人，同时也在人生中取得了成就，这通常发生在艺术领域。

尽管左撇子特征毫不起眼，但它告诉了我们某些意义重大的事情：如果孩子的勇气和坚忍不经过考验和锤炼，那我们也就无从判断他们的真正能力。如果我们吓唬他们，夺走了他们对美好前景的希望，那他们或者看上去还会继续生活下去；但如果我们鼓起他们的勇气，他们就能够成就更多更大的事业。

有过分雄心的孩子的处境并不好过，因为习惯上人们会以他们取得的成功来评判他们，而不会留意孩子是否经受过锻炼、是否准备面对困难并克服困难。在当今社会，人们习惯上更多地关注孩子所取得的肉眼可见的成功，而不是强调他是否受到全面、彻底的教育培养。我们知道那种不费力气获得的成功不会长久。所以，训练孩子成为雄心勃勃的人并没有好处。更重要的是应该培养孩子成为勇敢、坚忍、自信的人，让孩子认识到：面对失败不能气馁，要把遭遇的失败当做一个新的问题去解决。当然，如果老师能够及时判断出孩子是否已经做出最大的努力，并且他的努力不会再有进一步的效果，那会使孩子更容易取得进步。

孩子对优越感的追求可以反映在他的某一性格特征上面，例如争强好胜。很多孩子追求优越感一开始是以争强好胜的形式出现的，但因为别的孩子已经远远地走在了前面，要超越他们的成就已经难以做到，所以，他们就放弃了这种打算。许多老师通常采用的方式是严厉对待表现出没有远大目标的学生，或者打给他们低分数；他们借此来唤醒学生那沉睡的好胜心理。如果这学生还有某些勇气的话,这方法有时候会奏效。但这种方法不宜普遍地使用。那些学习成绩已跌近警戒线的孩子会被这种方法弄得不知所措,他们会变得更加呆笨。

但如果我们以温柔、关心和理解对待孩子,他们则会令人吃惊地表现出一些我们意想不到的智力和才能。以这种方式转变过来的孩子,通常从此表现出更厉害的好胜心理——这是真的。这是因为他们害怕恢复过去的样子。他们过去的生活样子和无所作为总在他们脑中重现,警策、督促他们取得更大的进步。在此后的生活当中,好些这类的人就像着了魔似地变了个样,他们没日没夜地忙个不停,工作过度,但始终认为自己做得还不够。

如果我们记住个体心理学的这一主要思想——每个人(包括孩子和成年人)的人格都是一个统一的整体,人格的表达符合这个人逐步形成的行为模式——那么,一切都变得清晰了许多。脱离这个人的人格来判断他的某一行为,是不正确的,因为单独某一个行为可以有多种解释。但我们一旦明白那特定的行为或态度,例如,学生拖拉延误的行为,是学生对于学校交给他的任务所做出的不可避免的回答,那么,对这一行为做出判断的困难就马上荡然无存了。学生的这一拖拉、不情愿的举动,只是意味着他不情愿与学校发生关联,结果就是他不想完成学校的任务。事实上,他想尽办法不按他们的要求去做。

从这个观点出发,我们就可以了解所谓"坏"孩子到底是怎么一回事。这种不尽如人意的情况之所以发生,是因为孩子对优越感的追求没有转化为接受学校的要求,而是表现为对学校的拒绝。这样,孩子就会表现出一系列的典型行为症状,这些行为症状逐渐演变成屡教不改和故意作对。这个孩子在学校或许就会扮演小丑的角色，他会不断地捣蛋逗乐，或者他会招惹同学，或者他逃学，与不三不四的人为伍。

所以，我们不仅掌握着这个学童的发育成长，他以后人生的发展也控制在我们的手里。学校提供的教育极其重要地决定着一个人将来的发展。学校处在家庭与社会之间。不良的家庭教育使孩子形成有缺陷的生活方式——这些本可以在学校加以弥补矫正。学校负有责任帮助孩子做好适应社会生活的准备，并且确保孩子以后能在社会这个大乐队中和谐地发挥他的角色。

我们历史地考察一下学校所发挥的作用，就可以知道学校总是试图根据时代的社会理想去塑造个人。学校在历史上依次为贵族、宗教、布尔乔亚（中产阶级）和平民服务；学校总是依照时代和统治者的要求教育孩子。今天，为顺应那变化中的社会理想，学校也必须改变。因此，如果今天的成年人的典型理想是成为独立、自我控制、富有勇气的人，那么，学校就得做出调节，以培养出接近这种理想的人。

换句话说，学校不能把自己视为目的本身，而应该牢记：培养孩子是为了社会而不是为了学校本身。因此，对那些放弃努力进步的孩子，学校也不能忽略。这些孩子不一定缺少对优越感的追求，他们只不过把注意力转移到做其他的事情上；他们认为做这些事情用不着做艰苦的努力，但又容易取得成功——起码他们相信会取得成功，不管他们这种相信是对的还是错的。这可能是由于以前他们在这些方面不知不觉地下过工夫，所以，他们或许在数学上不会表现出色，但却可以在运动项目上大显身手。教师千万不要无视孩子的长处。他们应该运用孩子的长处作为教育孩子的突破口，鼓励他争取在其他的领域同样取得进步。如果教师从一开始就抓住孩子的某一令人鼓舞的长处，并且通过这一长处使孩子相信他同样会在别的方面取得成功，那么,他会取得事半功倍的效果。这犹如把孩子从一个长满果实的花园引领至另一个花园。既然所有的孩子(弱智儿童除外)都具备成功地应付学业的能力,那么,所需要克服的只是人为造成的障碍。出现人为的障碍是因为在评估孩子的时候,我们不是参照教育的终极目标和社会目标,而是根据孩子取得的抽象学业成绩。这种人为的障碍使孩子丧失自信心,其结果就是孩子为追求优越感而放弃从事有益的活动,因为从事这些活动,孩子难以得到优越感。

在这种情况下,孩子会怎么做呢？他会想出一个逃避的方法。我们经常发现他做出一些古怪、特别的行为,如顽固、无礼等行为,这些行为当然不会赢得老师的赞扬,但却能吸引老师的注意,或者只会引起其他同学对他的羡慕。这种孩子经常通过制造麻烦,把自己视为了不起的人和英雄。

这些心理表现和偏离规范的行为是在孩子经受学校的考验时暴露出来的。他们的根源并不都在学校,虽然这些表现和行为在学校才露出端倪。学校除了主动教育和矫正孩子的任务以外,学校还是一个实验站——这是从学校的被动的意义上说的——在这里,小孩早年家教的弊端会暴露无遗。

一个观察敏锐的称职的老师在小孩进入学校的第一天就可以观察到很多东西。因为很多儿童马上就暴露出受到过分宠爱的迹象,他们觉得新的环境(学校)带给他们痛苦和不适。这些孩子还没有练习过怎样与人打交道,在这种情况下,孩子跟他人友好交往的能力是最重要的。如果小孩进学校前就掌握了一些如何与人交往的知识，那就是最好不过的事情。在家里，我们不能让小孩完全地依赖某一个人，而把其他人排除在外。家庭教育留下的弊端必须在学校得到矫正，当然最好是小孩没有这样的弊端。

期待一个被宠惯了的小孩在学校马上就能集中精神在学业上，是不可能的。这种小孩不能够专心。看得出他更宁愿留在家里——事实上，他不会有“学校意识”。小孩厌恶学校的迹象很容易被察觉。例如，父母每天早上都得哄小孩起床；父母不断地催促他做这做那，会发现他吃早餐时磨磨蹭蹭等。看上去好像这小孩为自己的进步构筑了一道不可逾越的障碍。

解决这种情况和解决左撇子的问题一样：我们必须给予孩子时间去学习、适应，不能因为他们上学迟到就惩罚他们，因为这样做只能加剧他们在学校不愉快的感觉。这样的惩罚更加使孩子认定他无法在学校待下去。如果父母用体罚的手段强迫孩子上学，那么孩子非但不愿意到学校去，反而会寻找办法，巧妙应对他的处境。这些办法当然就是逃避，而不是真正地面对困难。孩子厌恶学校，他无力解决学业这一难题，这从他的每一个动作和行动中看得出来。他的书本总是不在一块，他不是忘记带这一本书，就是丢失那一本书。当一个小孩习惯性地忘记或丢失他的书本时，我们就可以肯定他在学校并不如意。

仔细地考察一下这些孩子，我们都毫无例外地发现，他们对争取学业成功都不抱什么希望。他们这样低估自己，却不完全是他们的过错。周围的环境助长了他们形成这个错误的见解。家人在发怒的时候可能说过，他们的将来不会有好的结果；或者骂他们蠢笨和无用。这些孩子到了学校，发现这些说法似乎是

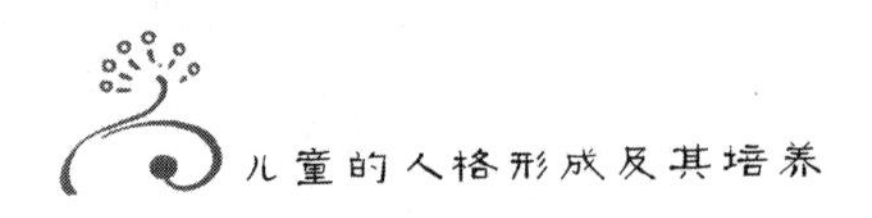

真的。孩子缺乏判断和分析能力(他们的长辈也缺乏这些能力)去矫正自己对事情的错误看法。因此,甚至还没有开始做出努力,他们就已放弃了希望。他们把自己造成的失败视为无法避免,并且把这看成是自己不如别人的又一证明。

事情就是这样:一旦错误已经形成,就只有很小的可能性能把错误矫正过来;另外,尽管这些孩子通常明显地做出努力,但还是落在其他孩子后面。既然如此,那么,顺理成章,他们很快就放弃希望,转而寻找借口不回学校。逃学是个很危险的迹象,它被视为一件严重的劣行,对此的惩罚通常都很严厉。这样,孩子认为自己不得已,只能使用诡计和造假行为以自保。还有其他途径引导他们做更多的错事。他们会伪造家长报告,篡改分数报告卡。在家里他们会编造谎言,大谈他们在学校的情况,其实,他们已经逃学好长一段时间了。在上课时间,他们寻找地方藏身。不消说,在这些地方,他们碰到的是与他们一样的逃学学生。逃学以后,孩子更加无法展开对优越感的追求。这样,逃学驱使他们更进一步,做起诸如犯法的事情。他们越走越远,最后以违法乱纪告终。他们组成团伙,开始偷窃东西,沾上坏行为。他们觉得这样做,自己就是个男子汉了。

一旦迈出了这么一大步,他们现在就要着手满足他们的野心。只要他们的行为还不被人察觉,他们就放胆犯下狡猾的罪行。这解释了为何许多孩子不肯放弃犯法的行为,他们一意孤行地在这条路上走下去,因为他们相信在别的方面他们不会取得成功。他们不会考虑做任何富有建设性和有益的事情。他们同伙之间争强好胜,不断膨胀的野心驱使他们做出新的违法乱纪的事情。可以发现,一个有犯罪倾向的孩子同时也是一个极度自负的人。这种自负和野心有着同样的根源,它迫使孩子以某种方式不断地突出自己。当他不能够在生活的积极方面取得位置时,他就会转到消极的方面发展。

这有一个孩子杀死教师的例子。检查这一个案,我们在这个男孩身上发现了所有的上述特征。负责教育这个男孩的女家庭教师深信自己很了解人的心理,包括心理的功能和心理的表达。这个男孩自小就受到小心翼翼却又太过紧张兮兮的管教。因为小男孩的目标从一开始不切实际的高度演变为后来的什么都不是——也就是说,完全的灰心气馁,所以,他对自己就失去了信心。生活和学校都满足不了他的期望,因此,他就转而做起了违法乱纪的事情。他通过做犯法的事情摆脱学校教师和儿童指导专家的管教,因为社会还没有设计出办法,把罪犯,尤其是犯罪孩子的问题作为教育问题来处理,而教育问题其实就是矫正人的心理缺陷。

从事与教育有关的工作的人都熟悉这样一个奇怪的事实:那就是教师、医生和律师的家庭频繁地出现任性刚愎的孩子。这情况不仅发生在那些没有多少专业根基的教育者家庭;那些我们认为有相当水平的教育者,他们的家庭也出现这种情况。尽管这些人有他们职业的权威,但他们好像没有能力为他们的家庭带来和平和秩序,对这种现象的解释是,在所有这类家庭当中,一些重要的观点不是被忽视,就是不被理解。其中部分的原因是这些身为教育者的父亲在家里采用严格的条条框框;他们运用自己假定的权威,把一些清规戒律强加在他们的孩子身上。他们异常严厉地压迫子女。他们威胁到子女的独立性,并常常确实剥夺了他们的独立性。他们似乎在子女身上唤起了一种反抗的情绪，驱使子女报复他们的压迫。他们以棍棒对付子女，这种压迫因而深埋在子女的记忆里，要记住，父亲有目的的教育会使他特别留意他的子女。很多时候，这是好的，但这带来的后果却是造成子女愿意成为别人注意的中心。这种子女视自己为一种被动的展示试验，把他人视为责任的、决定的一方。其他人必须去克服困难，而他们自己则不负任何的责任。

第四章

如何引导孩子追求优越感

我们已经发现每个小孩都在追求优越感。父母或者教师的任务就是引导孩子这方面的追求，使孩子努力沿着一个有益的和有所成就的方向展开。他们必须确保孩子的努力追求能给孩子带来精神健康和幸福，而不是精神疾病和思想混乱。

如何进行这一工作呢?要区分有益还是无益的努力，它的基础是什么?答案是：符合社会公众的利益。我们根本无法想象，有哪些成就和有价值的东西是与社会无关的，想一想那些我们认为高尚、尊贵和有价值的伟大创举，它们不但对这些创举的创造人有价值，它们对大众社会也是如此，因此，对孩子的教育就是要培养他的社会感情，或者说，增强他和社会紧密相关的这种意识。

我们已经发现每个小孩都在追求优越感。父母或者教师的任务就是引导孩子这方面的追求,使孩子努力沿着一个有益的和有所成就的方向展开。他们必须确保孩子的努力追求能给孩子带来精神健康和幸福,而不是精神疾病和思想混乱。

如何进行这一工作呢?要区分有益还是无益的努力,它的基础是什么?答案是:符合社会公众的利益。我们根本无法想象,有哪些成就和有价值的东西是与社会无关的,想一想那些我们认为高尚、尊贵和有价值的伟大创举,它们不但对这些创举的创造人有价值,它们对大众社会也是如此,因此,对孩子的教育就是要培养他的社会感情,或者说,增强他和社会紧密相关的这种意识。

不懂得社会感情为何物的孩子会成为问题孩子,他们对优越感的追求还没有被引向有益的方面。

确实,对于什么才是对社会有益,人言人殊。不过,有一样是肯定的:我们可以从一棵树结出的果子来判断这棵树。人的某一特定行为的结果会显示这一行为对社会有益抑或无益。这意味着我们要把时间和效果考虑在内。这一行为总有和现实逻辑发生碰撞的时候,和现实逻辑的相互碰撞会显示出:这一行为和社会大众的需要之间有何种的关联。事物的普遍结构是价值判断的标准,符合这一标准抑或与之发生矛盾迟早会水落石出,幸运的是,在日常生活中,我们并不经常需要运用复杂的判断技巧来对行为进行评判。至于社会运动、政治潮流等,它们的结果我们无法预测,所以,这方面存在争议的余地。但在民族生活和个人生活当中,行为的结果会最终显示出这些行为是有益的、真实的或者什么都不是。因为从科学的观点看问题,除非某一种办法是一个绝对真理,是正确解决人生问题的办法——人生的问题受着地球、宇宙和人类关系的逻辑的制约——否则,没有什么东西可称为百利而无一害。客观和人类宇宙的制约就像一道数学题摆在我们面前,尽管我们不一定能够找到答案,但问题的答案就在问题的里面。只有参照与这个问题相关的资料,我们才能验证我们的答案的正确程度。可惜的是,有时候检验一种答案的时机姗姗来迟,以致我们没有时间去纠正出现的谬误。

没有一种以客观和逻辑的观点审视他们的生命构成的人,多半不会了解到他们的行为模式是连贯一致的,一旦生活的道路上出现了问题,这种人就害怕了,他们不是想到要克服出现的问题,而是认为自己选错了道路,所以才遭遇到这些问题。要记住,当孩子偏离有益的方向时,他们并不会从否定的经验中学到肯定的教训,因为他不明白生活中的问题的含意。因此有必要教导孩子不要把生活看成一连串互不关联的事件,生活其实是

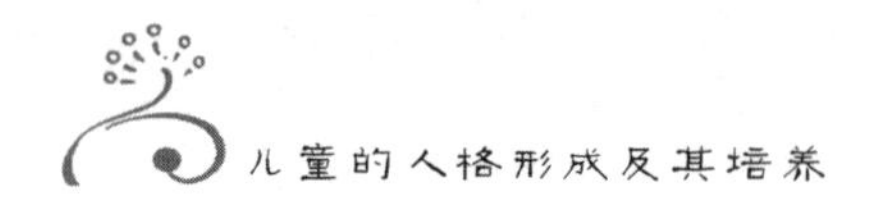

一条连续的线索，它贯穿他生命中的所有事件。任何一件正在发生的事情都不可以从他的生命中被单独分离出来，要解释此刻发生的事情，只能把这之前所发生的事情联系起来。孩子只有明白了这个道理，他才会明白他走进歧路的原因。

在进一步讨论追求优越感的正确方向和错误方向之间的差别之前，先谈谈某种似乎与我们的理论相矛盾的行为会有好处。我指的是懒惰的行为。从表面上看，懒惰与我们的关于孩子们对优越感都有潜在的追求这一总理论相互抵触。事实上，对懒惰的孩子的责备无非是他没有表现出上进心，没有胸怀大志。但如果我们仔细检查一下懒惰的孩子的情况，我们就会发现人们普遍持有的观点是错误的。其实，懒惰的孩子拥有许多优势。他没有担负别人对他的期望，在某种程度上他无所建树，但却能够得到人们的原谅。因为他不愿努力争取，所以他就表现出一副漠不关心、松松散散的样子。但他的懒惰却经常使他成为人们关心的对象，起码他的父母就要为他操劳。想想看，多少孩子不惜代价地要引人注意，明白了这一点，我们就不难了解为什么一些孩子会想到用懒惰的手段达到引人注目的目的。

但这并不是对懒惰的完整的心理解释。很多孩子采用懒惰作为缓和他们的处境的一种手段。人们总是把这些孩子明显欠缺的能力和成绩不佳归咎于他们的懒惰。人们很少指责他们能力不够；相反，孩子的家人通常会说："如果不是懒惰，有什么事情他不能干？"孩子对人们的这一认可——如果不是懒惰他们就能样样干出成绩——感到沾沾自喜。这种孩子无疑自信心不足。而人们的认可正是抚慰他们的自尊的灵丹妙药。它顶替了成功的位置。孩子是这样，成年人也是如此。这个似是而非的

“如果”——“如果我不懒惰,我有什么不能干”——抚平了他们的失败感,当这些孩子真正做出努力,干出点事情,那这些事情就会在他们心目中具有了特别的意义。他们所取得的点滴成绩,与他们之前的毫无建树恰成对照,结果是他们为取得的成绩获得赞扬,而其他一直埋头努力的孩子,虽然取得更多的成绩,但获得的赞语反而更少。

因此,懒惰的行为暗藏着一种不为人知的技巧。懒惰的孩子就像走钢丝的人,下面总张着保护网,他们失足掉下,也不会受到多大的损伤,对懒惰的孩子的批评总比对其他孩子的批评温和许多,这些批评对他们的自尊的伤害也更少一些。一句话,懒惰是一道屏障,它为那些缺乏自信心的孩子藏拙,为他逃避努力克服困难提供借口。

只要考察一下现行的教育方法,就可以发现这些教育方法正好满足了懒惰的孩子的要求。因为人们越是责备一个懒惰的小孩,那就越发投其所好。人们为他的事操心,对他喋喋不休的责备转移了人们的视线,使他们不再关注他的能力问题——这正是他所希望的,对他的惩罚也是这样。认为用惩罚手段就可以使孩子改正的教师总以失望告终。最严厉的惩罚也不能使一个存心懒惰的孩子变得勤快起来。

如果孩子真的发生了转变,那只是由情势的转变所引致。例如,这个孩子意外地取得某一样成功,或者,原来的严厉的教师不再教他了,现在的教师对他态度温和:他理解这个孩子,认真诚恳地和他谈话,不会削弱孩子已经所剩无几的勇气,而是给予孩子以鼓励。在这样的情况下,孩子从懒惰到勤快的转变有时候简直是突如其来的。有些孩子在学校的最初几年,学业停

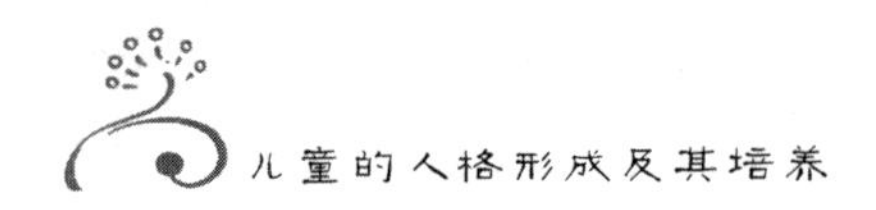

滞不前，但换了一个新的学校，随着环境的改变，孩子变得异乎寻常的发奋努力。

有些孩子没有采用懒惰的方式，但他们会采用装病来逃避他们的任务。还有一些孩子在考试的时候情绪变得格外亢奋，因为他们觉得老师理应考虑到他们的紧张的心理，并因此给予他们某些照顾。孩子的爱哭也表现了同样的心理：精神紧张和哭泣都是他们获取特权的借口。

属于上述一类的还有这些孩子：他们由于某些缺陷而要求给予特殊的照顾。例如，说话结巴的孩子。经常接触幼儿的人，就会注意到几乎所有的孩子在开始说话的时候，都会显示出轻微的口吃倾向。正如我们所知，说话功能的发展快慢受多种因素的影响，其中主要的因素是孩子的社会感情的强度。具有社会意识、愿意与他人交往的孩子会比那些回避他人的孩子更快更容易地学会讲话。在一些场合，孩子根本用不着说话。例如，受到过分保护和宠爱的孩子遭遇到的就是这种情况：他们还没来得及说出他们的意愿，他们的家人就猜到并满足了他们的要求(聋哑孩子的情况则不同，他们需要得到这样的照顾)。

有些孩子长到四五岁还没有学会说话，父母开始担心孩子是否有聋哑病，但他们很快就发现孩子的听觉并没有问题，这就排除了孩子聋哑的可能。可以发现，这些孩子的确生活在一个说话纯属多余的环境里面。像我们俗语说的，当一切都“放在银盘子里”端给孩子的时候，他也就没有说话的迫切需要了。这样，孩子就会很迟才学会说话。小孩的说话能力反映了他对优越感的追求，以及他这种追求的方向。他通过说话来表达他对优越感的追求，不管这种表达是以牙牙学语的方式带给家人快乐，还是以帮助他取得他的日常所需，其目的都一样。如果他没有机会或没有可能以这两种方式表达自己，那么，这孩子的言语能力的发展就会出现困难了。一些孩子有某些言语缺陷，例如，某些辅音发音不准，如 r，k，s 等。这些言语缺陷都是可以得到矫正的。但奇怪的是，许多成年人讲话口吃、咬舌，或者吐字含混不清。

很多儿童随着长大，逐渐甩掉口吃的毛病，只有一小部分孩子需要接受治疗。治疗的过程可以从下面一个 13 岁男孩的例子中看出来。医生在男孩 6 岁的时候开始给他治疗。治疗持续了一年，但不成功。接下来的一年并没有给男孩做专业的说话辅导。在第三年换了一个医生，这次治疗还是不成功。第四年没有采取什么措施。第五年的头两个月男孩由一个专业说话医生接手。他把男孩的情况弄得更糟。过了一段时间男孩被送到一个专门矫正说话毛病的学院。治疗持续了两个月并取得了成功，但过了六个月以后，男孩口吃的毛病又出现了反复。

接下来的八个月男孩到了另一个矫正说话的医生手里。这一回孩子的毛病非但没有好转，反而情况变得更糟。另一个医生做了一下尝试，但还是不成功。在第二年的夏季，他的情况有所改进，但假期末，他又回复到老样子。

治疗的办法主要是要求小孩高声朗读，缓慢说话，做口头练习等。人们注意到某种的兴奋会使男孩取得暂时的改进，但随后他又倒退回原来的样子。小男孩并没有器官的缺陷，虽然年幼的时候他从一幢楼的第二层摔了下来，得过脑震荡。

认识男孩有一年的教师这样形容这个孩子："教养良好，勤奋，容易脸红，脾气有点不大好"，"法语和地理学是小男孩最感

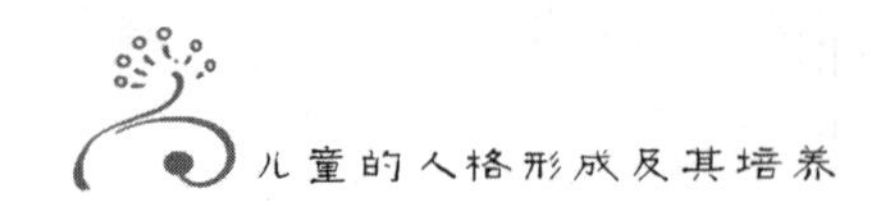

困难的科目”。教师说，在考试的时候他会特别激动；男孩的特殊爱好则是体操和运动，他还喜欢做技术性的工作。小男孩并没有任何的方面表现出一个领导者的特质，他和同学相处良好，但有时候会和他的弟弟吵架。他是个左撇子，在那时候的前一年，他的右脸发生了中风。

至于男孩的家庭环境，我们发现他的父亲是一个生意人。他神经绷得很紧，一旦儿子说话口吃就严厉地斥责他。虽然这样，男孩更怕他的母亲。他家里有一个辅导教师，所以男孩很少能够踏出家门。他特别渴望自由自在。他也认为他母亲不公平，因为她偏爱弟弟。

基于这些事实，可以得出这样的结论：男孩容易脸红表明他一旦必须跟人交往，他的紧张情绪就会有增无减。这可以说是跟他口吃习惯相关的现象。甚至一个他喜欢的教师也没有治愈他的口吃，因为口吃的习惯已经在他的系统里机械化了。同时，他的口吃表达了他不喜欢他人。

我们知道口吃的动机并不在外部环境，而在于口吃者统觉这环境的方式。他的易怒在心理学上是意义明显的，他不是个被动的孩子。他渴求优越感，渴求他人的承认，这些通过他的易怒特征反映出来——个性脆弱的人大都是这样。他的灰心气馁的另一个明证是他只和弟弟吵架。他在考试前的激动是由于他感觉自己能力不如别人，同时又害怕不能取得成功；这些加剧了他内心的紧张情绪。他有很强的自卑感，这种自卑感把他对优越感的追求引向徒劳无益的方向。

小男孩愿意到学校去只是因为在家里的处境更加不如学校。在家里，弟弟是家庭的中心。他口吃的原因可能是他某个器官遭受过损伤,或者他受到过惊吓,但这两者的其中之一推波助澜,使他丧失了勇气。在家里因弟弟他受到冷落,这对他的影响更大。

另一件明显的事情是男孩到 8 岁为止还在尿床。一般来说,只有那些开始受到溺爱,后来"王位"被推翻的孩子才有这一症状。尿床是一个确定的信号——它显示男孩甚至在夜间也在争取母亲的注意。它显示男孩无法接受被冷落这一状况。

要治好男孩口吃的毛病,可以通过鼓励和教育他学会独立。要给他一些他能完成的任务,这样,他可以对自己树立信心。男孩承认弟弟的出生对于他是一件不愉快的事情。我们要让这男孩明白:他的嫉妒驱使他走入了岔路。

关于口吃者的其他表现症状还有很多值得说的。口吃者处于兴奋的状态会怎样说话呢?很多口吃者在动怒骂人时没有丝毫口吃的迹象。年长一点的口吃者在背诵或谈恋爱时,说话大多没有障碍。这些事实显示,导致口吃的决定性因素是口吃者没有与他人建立起一种良好的联系。一旦他与人直面相对,必须和他人发生联系,或者他必须用说话去表达自己的时候,小孩的紧张情绪就上来了。

如果小孩学说话的时候没有遭遇什么特别的困难,那么人们就不会留意他的说话;但如果他在这方面出现了麻烦,口吃的小孩就是家人的话题,他成了家人注意的中心。结果就是小孩对自己的说话格外留意。他开始有意识地控制自己的言语表达,而正常说话的孩子却不是这样的。如果人有意识地操作那本来能够自动操作的功能,那么,他这样做只会妨碍了这一功能的操作。这一方面的极好例子可见于梅林克的儿童故事《癞蛤

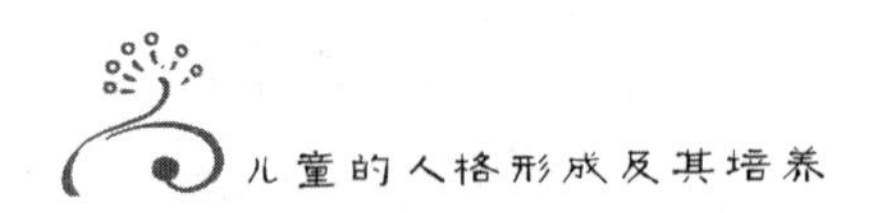

蟆的逃脱》。癞蛤蟆遇见了长有一千足的动物，它马上赞美这千足动物："你能否告诉我"，癞蛤蟆问道，"你首先移动哪一只脚，然后怎样依次移动其他的九百九十九只脚呢？"千足动物开始思考并观察它的脚的移动，它试图控制它们，但却给弄糊涂了，竟至于迈不出步子。

虽然有意识地掌握我们生活的方向有其重要性，但试图控制具体每一个别的行动，却是有害无益的。我们能创造出艺术品正是因为我们能放任身体，任其自发地工作。

尽管口吃的习惯给孩子的成长带来诸多不便（家人对他的同情和特别的关注），并且，孩子的将来也会因此受到糟糕的影响，但很多人不是试图改进现状，而是寻找借口逃避。这种情况父母和小孩都有。他们对将来不抱丝毫的信心。小孩尤其满足于依赖别人，他以表面的劣势来维持他的优势。

明显的劣势可以化为优势——这可由巴尔扎克的一个故事来说明。巴尔扎克描绘了两个生意人。他们在做一桩生意的时候尽力占对方的便宜。在讨价还价的时候其中一人开始说话结结巴巴。他的对手吃惊地发现对方利用口吃争取了时间，想好该说的话。对手很快找到了对策。突然间，他的听觉出现了问题，这样一来，口吃者就处于下风了，因为他得尽很大的努力才能让对方听到他说什么。这样双方就扯平了。

尽管有口吃毛病的孩子有时候利用他的口吃争取时间，或者故意让别人等他把话说完，但对这一问题不宜太过苛刻。口吃的孩子应该得到鼓励，并应该受到温和对待。只有通过友好地启发和增强他的勇气，才能成功地治好他的毛病。

第五章

自卑情结

追求优越感和自卑感在每一个人的身上兼而有之。我们追求优越感是因为我们感到自卑。因此，我们努力争取成功以克服自卑感。

追求优越感和自卑感在每一个人的身上兼而有之。我们追求优越感是因为我们感到自卑。因此,我们努力争取成功以克服自卑感。自卑感不会给人的心理造成明显的影响,除非人无法展开对优越感的追求,又或者除非人的身体器官缺陷造成的心理反应把自卑感加剧到令人难以忍受的程度。出现这种情况,我们就会形成自卑情结。自卑情结就是:过度、反常的自卑感迫切需要得到容易的补偿和似是而非的满足,但它同时又堵死了通往成功的道路,因为过度的自卑感夸大了遇到的困难和削弱了自己的勇气。

我们再来看看那个 13 岁口吃男孩的情况,以考察这里所说的情形。正如我们所看到的,男孩持续的口吃习惯部分地是由于他勇气不足造成的。而他的口吃又反过来使他更加灰心丧气。这就是一种神经性自卑情结所常有的恶性循环。男孩想躲避他人,他已经放弃了希望。他甚至可能想到过一死了之。男孩的口吃实际上是他的生活方式的一种表达，是这一生活方式的延续。他的口吃影响了他周围的人，他因此成为人们注意的中心，这也因此舒缓了他的心理不适。

这男孩有他的一个过高的、错误的目标：他一定要成为一个有所成就、举足轻重的人。他要取得威望，所以，他要表现得性格和善，能很好地与人相处，工作又做得有条不紊。除了这些，为防备万一失败，他还需要一个借口，而这个借口就是他的口吃毛病。所以，这男孩的例子具有特殊的意义，因为这男孩的生活总的来说是朝着有益的方向发展，只是在某一个方面他的判断和勇气出了问题。

口吃当然只是丧失勇气的孩子所采用的众多手段之一，他们不相信依靠自己的力量能够获取成功。这些手段可比之于大自然赋予动物作自我保护用途的爪、角之类。很清楚，采用这些手段是因为孩子的软弱和他的绝望——他觉得缺少了这种外在的手段他就无法应付生活。别的孩子的唯一手段就是无法控制自己的大小便。这表明这些孩子不想告别他们的婴儿时期，因为在婴儿时期他们不用操心，没有痛苦。这些孩子并没有大肠和膀胱器官的毛病。他们运用这些把戏是为了唤起父母和教师的同情——虽然有时候这些把戏会招致伙伴们的笑话。因此，孩子的这些行为不应被视为一种疾病，这些只是孩子的自卑情结的流露，或者是他们找不到途径满足优越感的自然表现。

我们可以想象出这男孩的口吃如何从或许是一个很小的生理问题发展而成。这男孩很长时间是家里的独子，他母亲总是全部心思扑在他的身上。随着他的长大，他或许感到再没有受到家人足够的注意，他就想出了一个新花招去吸引人们对他的注意。口吃包含了更多的意义：他注意到在说话时，听他说话的家人就留意着他的吐字。因为口吃，他的父母就得多花时间照顾他，而这些时间和照顾的对象本来是属于他弟弟的。

在学校，情况也没有什么两样。老师花上更多的时间在他身上。这样，由于他口吃的缘故，无论在家里还是在学校，他都得到了一个与众不同的角色。优秀学生引人注目。但他在引人注目这方面也差不了多少。毫无疑问，这个孩子在学校功课和表现都不错，但他的口吃使他做起各样事情都轻松许多。

虽然他的口吃赢得老师对他的宽待，但这可不是值得推荐的方法。一旦这男孩认为别人没有给予他足够的注意时，他就比其他孩子更容易感受到伤害。他弟弟成为家庭的中心点以后，他为得不到家人的注意而闷闷不乐。他和其他正常孩子有别：他没有把兴趣扩展至其他人。在他所处的家庭环境中，他母亲是他最重要的人，除此之外，男孩对其他人一概不感兴趣。

在治疗之前，应该首先鼓起孩子的勇气，使他们相信自己的能力。不能用严厉的手段吓唬他们，重要的是要以同情的态度跟这些孩子建立起友好的关系；但仅做到这一点还是不够。我们需要运用和这些孩子建立的友好关系，以鼓励他们不断改进，但孩子要取得持续的进步只能通过我们培养孩子的独立性；我们可以应用各种方式和手段使他们对自己的精神、身体的能力都感到有信心。

教育孩子的一个很错误的方法就是向那些走了弯路的孩子发出这样的判语：他们以后肯定会变坏。这种愚蠢的做法只会把事情弄得更糟。因为这样只会加剧小孩的怯懦。我们应该做与此恰恰相反的事情：用乐观的态度激励孩子的勇气。正如诗人维吉尔所说的,“他们做得到,因为他们相信做得到”。

千万不要相信用羞辱的方式能够改正孩子的行为,虽然有时候我们看到孩子由于害怕别人耻笑似乎改变了举止。用取笑孩子的刺激方式是行不通的,这可以从下面的例子看得出来。一个男孩由于不会游泳而受到伙伴的取笑。终于,他忍无可忍,从跳板跃进了深水之中。人们几经努力才把他救了起来。一个胆怯的人在面临失去尊严的危险时,或许会铤而走险以抗衡他的胆怯,但他做的这些事情极少是恰当适宜的。通常那只是对付他的胆怯的一个无用的方法,上面的例子已经说明了这一点。例子中的男孩内心是胆怯的,他害怕承认不会游泳,因为这样他担心会在朋友当中失去地位。他不顾一切地跳进水里并没有克服他的胆怯,他不敢面对事实的胆怯倾向反而更得到了加强。

怯懦这一性格特征破坏人与人之间的关系。一个老是对自己忧心忡忡的孩子再也顾不上理会别人;他会不惜以他人为代价去赢取自己的尊严。怯懦带来一种个人主义的、好斗的人生态度,这种人生态度破坏人的社会感情,虽然它远远不足以消除对他人意见的恐惧。一个懦夫总害怕遭到别人的讥笑、蔑视或者忽视。他犹如生活在一个敌国,他形成了多疑、嫉妒和自私的性格特征。

这种怯懦型孩子很多时候会变成尖酸刻薄、唠叨挑刺儿的人;他们不愿意赞扬别人;如果别人受到赞扬,他们就会羡憎交加。所以,一个人不是凭借自己的成就去超越别人,而是通过贬损的手段达到目的,这就表现了他的怯弱。一旦发现孩子有这些苗头,教师就要责无旁贷地帮助孩子消除对他人的敌意。没有发现问题的教师当然会得到谅解,但这样一来,应该如何改正

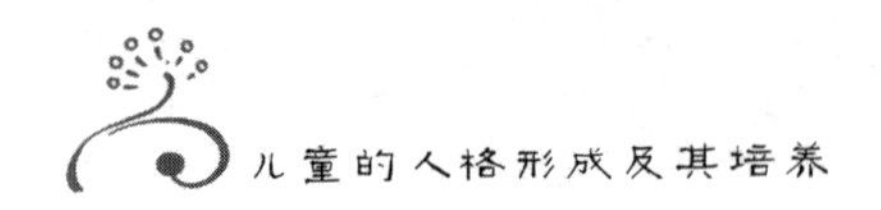

孩子的那些不良性格特征就无从谈起了。当明确了我们的目标：让孩子跟生活和世界达致和解，让孩子看出他的问题所在——他的错误就在于他期望无须通过努力就能赢取别人的敬重——一旦这样，我们就知道该如何着手帮助这个孩子了；我们就懂得应该培养孩子之间的友好感情；应该教育孩子不要蔑视别人：无论别人做了错事，还是功课得到很差的分数。不然，就会造成孩子的自卑情结，剥夺了孩子的勇气。

一旦孩子被剥夺了对将来的信心，那结果就是他从现实中退缩，从生活中消极无用的方面寻求补偿。教师最重要的任务——甚至可以说他的神圣的职责——就是确保学生不会失去信心。那些刚入学就已经灰心气馁的孩子需要通过学校和教师的帮助重拾信心。这是教师的职责所在，因为假如孩子们不是以希望和喜悦期待着将来，那么，要教育好他们是近乎无望的。

有一种气馁只是暂时性的，那些目标过高的孩子尤其体会过这种气馁；有时候，尽管他们一直学习进步，但当完成了学校的毕业考试，他们必须面临选择职业了——在这个时候，他们就失去了信心。还有一些目标过高的孩子，一旦没有取得名列前茅的考试成绩，就会泄气好一段时间。这种情况的出现是因为在不知不觉中酝酿已久的冲突突然爆发。孩子变得全然不知所措，或者神经焦虑不安。如果这些泄气的孩子没有得到及时的鼓励，就会变得做事有始无终；他们长大以后，会频繁变换职业；他们总不相信能完满地做好一样工作，并且他们总是患得患失。

孩子对自己的评估很重要，但用问问题的方式不可能知道小孩对自己的真实看法。无论我们的问题提得多么巧妙，我们得到的只是不确切和含糊的回答。一些孩子会认为自己感觉良好；另一些孩子则把自己说得一文不值。对后一种情况稍加考察，就可发现这类孩子身边的成人，曾经反复多次地跟他们说过“你确实一点用处都没有”或者“你真蠢”之类的话。

孩子很少有听到这样严厉的责备而又不受伤害的。但有些孩子会采用低估自己的手段来保护自我。

如果孩子对问题的回答不能帮助我们了解孩子对他们自己的判断，那么，我们可以观察他是如何面对碰到的难题。例如，他是否以自信、果断的态度迎向困难，抑或在困难面前表现得优柔寡断——这是缺乏信心和勇气最常见的迹象。他或许一开始会豪气十足，但当真的要和困难短兵相接的时候，他就缩手缩脚，甚至裹足不前了。有时候，这些孩子被形容为懒惰，或者心不在焉。这些形容尽管不同，但结果都是一样。他们不像一个正常人那样去解决问题，而是把全部精神集中于遭遇到的困难。有时候，一个小孩会蒙骗大人，使他们错误地认为他能力欠缺。当我们了解情况的原委，并且以个体心理学的原则作指导，我们就会发现，孩子的问题是缺乏信心，也就是过低地估计自己。

人在追求优越感时会选错方向，在研究这些问题的时候，我们要记住一个完全以自我为中心的人是社会生活中的畸形人。经常可见那些内心苦苦追求优越感的孩子，全然不考虑到别人。他们敌视他人，违法乱纪，自私自利。

但那些行为最为恶劣的孩子都有一种绝对是人性的特征：无论怎样，他们始终隐约感觉到自己是人类大众的一员。虽然他们生活的计划越远离人与人共同合作的概念，他们就越缺少社会感情，但他们的自我与他们周围的世界形成的关系始终以某种方式表示出来。我们必须找到能暴露出他们隐藏的自卑感的那些表达方式。这种表达方式林林总总,不可胜数。孩子的眼神就是其中之一。眼睛这一器官并不单纯接受和传递光线,它们还服务于社会交流的目的。一个人打量他人的眼神,显示出他对与人交往的愿意程度。这就是为什么所有的心理学家和作家都那样重视一个人的眼神。根据一个人打量我们的眼光就可以判断出他对我们的看法;从他的眼神可看到他灵魂的一部分。虽然演绎有可能出现误差,但从一个孩子的眼神来判断他是不是一个友善的人——这还是比较容易的。

众所周知,那些不敢正视大人的孩子都心存疑虑。他们并不一定感到良心上过不去,或者沾上跟性有关的不良习惯。他们回避的眼神只不过显示出他们想尽量避免和他人发生哪怕只是短暂的紧密联系;这显示出这个孩子并不合群。召唤一个孩子过来时,他靠近你的距离也是一种信号。很多孩子会保持一段相当的距离,他们首先想知道是什么事情,然后只在有必要的时候才接近你。他们以怀疑的态度看待与别人紧密的接触,这是因为他们有过不愉快的经历。他们把自己片面的体会视为一种普遍的情形,并错误地应用这一看法。同样有趣的是,一些孩子喜欢把身体靠着母亲或他的老师。其实,孩子更愿意亲近的人较之于孩子声称最爱的人,前者对于孩子更加重要。

有些孩子,他们走路的姿势,他们挺直的腰杆和昂起的头,还有他们坚定的声音和落落大方的态度,都无一不明显地流露出信心和勇气。但也有些孩子跟别人说话时退缩胆怯,这是他们的自卑感在作祟,他们由于无力应对处境而感到恐慌。

在探讨自卑情结的时候,我们发现很多人认为自卑情结与生俱来。其实,无论哪个小孩,不管他多么勇敢,都有办法消除他的勇气——这就反驳了上述与生俱来的观点。孩子的父母如果胆小腼腆，那么，他们的孩子也可能是胆小腼腆的，这不仅是因为遗传，而且是因为他生长的环境。家庭的气氛和父母的性格特征对于孩子的成长起着关键作用。在学校落落寡合的孩子，他们的家庭大多不怎么跟人交往，甚至没有交往。这种情况当然容易使人想到性格的遗传，但这是经不起反驳的理论。一个人没有能力跟别人打交道，并不是由大脑或者器官的物质变化造成的。但我们可以找到一些事实，它们并不绝对造成孩子落落寡合的性格，却帮助我们了解孩子何以形成这种异于常人的特征。

这有一个很简单的例子可以帮助我们在理论上理解这种事情。一个生来就有器官缺陷的小孩，长时间的身染疾病，他受着病痛和身体衰弱的折磨，这样的孩子自然沉湎于自己的心事，视外在世界为冷酷和充满恶意。此外，还有另一个不利的因素在起作用。一个身体虚弱的小孩必须找到一个能全身心地照顾他、为他减轻痛苦的人，但正是别人对他的照顾和庇护使小孩形成一种强烈的自卑感。所有的孩子，因为他们和成年人之间，在体型和力量上都存在巨大差别，所以，他们都会有一定的自卑感。尤其是，当他们经常听到大人说“小孩子只宜看，不宜听”，他们的自卑感就更容易有增无减。

这些所见所闻都加深了孩子的印象：他处于一种劣势。他无法接受他比其他人渺小力弱的看法。越忍受不了这种看法，他就越加努力去弥补不足。他追求别人的承认从而又多增加了一份动力。本来，他应该做出努力，与周围的人和谐共处，但现在，他却为自己定下了这样的待人处事的原则：“一切为自己考虑。”落落寡合、不与人交往的孩子就属于这一类。

一般来说，大多数体弱、残疾和样貌丑陋的孩子都有一种强烈的自卑感，这种自卑感以两种极端的形式表现出来。别人跟他们说话时，他们要么腼腆退避，要么言辞咄咄逼人。这两种行为大相径庭，但根源却是一样。为追求他人的承认，他们有时候说话太少，有时候则说话太多。他们的社会感情几乎等于零，一是因为他们对生活没有期望，也不相信自己有能力为社会作出贡献；另一个原因就是他们把社会感情服务于个人目的，他们希望成为领导者和英雄人物，能够引人注目。

一个孩子如果多年沿着一个错误的方向发展，那么，不可能通过一次谈话就期望他改变他的生活方式。教师需要有耐心。如果孩子在试图改进，但有时候他的情况又出现了反复，那最好就向孩子解释清楚：进步不可能一蹴而就。这样会让孩子安心，不至于失望气馁。如果一个小孩的数学成绩两年间都很糟糕，他不可能在两周内就能把成绩搞好。但他能够把数学补学好则是毫无疑问的。一个正常儿童，也就是说，一个具备勇气的孩子，能够弥补任何事情。我们反复看到，造成能力欠缺是因为人格的发展过程中出现了差错，使整个人格构成变得粗糙、笨拙和古怪。但帮助这些并不是弱智的行为问题儿童总是可行的。

一个孩子能力的欠缺，或者表面上的愚笨、冷漠，都不是这个孩子弱智的证据。弱智儿的大脑发育不正常会伴有身体上的迹象。影响大脑发育的腺体会造成其他身体缺陷。有时候这些身体毛病会随着时间消失，留下的只是它们在心理上的痕迹。换句话说，曾经因为体质虚弱而变得孱弱不堪的孩子，即使在他的体质变强壮以后，他们仍然表现得相当虚弱。

我们可以再深入一步。孩子的自卑心理和自我中心的形成,不仅是因为他们过去曾有过器官缺陷和虚弱的体质,甚至那些跟器官缺陷无关的完全不同的环境,也会造成同样的心理问题。例如,家长对孩子缺乏慈爱和管教太严,对孩子的教育不得法。在这种情况下,生活之于孩子不啻是一场苦难。孩子对他的环境抱着敌视的态度。这样产生的心理结果和上述由身体缺陷引致的心理问题相比,如果不是一模一样,起码也是相似的。

可以想见,要治疗这些自小就生活在缺乏慈爱的环境中的孩子,我们将面临重重困难。他们会以他们一贯看待他人的态度看待我们。任何督促他们上进的努力都会被理解为对他们的管制。他们无时无刻不感受到束缚。只要力所能及,他们就会做出反抗。对他们的伙伴,他们不可能抱持一种平常、恰当的态度,因为他们对那些曾经过得比他们好的孩子既羡慕又嫉妒。

这些怀有怨恨情绪的孩子通常会变得具有破坏欲。因为他们缺乏足够的勇气应付环境,所以,他们就试图通过欺压那些比他们弱小的人以补偿他们的无力感;或者,他们用表面的友好来感觉自己的优越。只有当别人接受他们的控制,他们的友好态度才得以维持。很多这类的孩子甚至发展到只和那些处境比他们差的人交朋友,正如有些成年人特别喜欢跟遭遇不幸的人来往一样。或者,这些孩子情愿跟年幼的、比他们穷的孩子打交道。一些男孩有时候宁愿跟特别温柔、听话的女孩子交往——注意,在这里异性吸引并不是这种交往的原因。

第六章

孩子的成长：防止自卑情结

事实很明显，决定孩子成长的因素既不是孩子内在的能力，也不是他所处的客观环境，而是这个孩子对于外在现实的看法，以及他对他和这种现实所构成的关系的理解。这小孩与生俱来的潜在能力并不决定一切，我们成年人对于小孩的处境的判断也不重要。关键要以孩子自己的眼睛看待他的处境，以孩子那错误的判断理解他的情况。

如果一个小孩花特别长的时间学习走路，一旦学会了就能行走正常，那么，这个小孩就不一定会形成影响他以后生活的自卑情结。但是我们知道，对一个在其他方面都心智发育正常的孩子来说，他学走路时期的这种行动不便，始终会留给他深刻的印象。他会对他的处境闷闷不乐，尽管他的身体功能的缺陷迟些时候就会消失，但他仍很有可能得出悲观的看法。而这些悲观的看法会左右他以后的行动。很多曾经得过佝偻病的儿童，虽然后来痊愈了，但这一疾病的痕迹仍会存在：罗圈腿或头部畸形、脊骨弯曲、膝盖肿大、关节无力、姿势不良等，这些在孩子心理上都会留下一种挫折感。这种挫折感是孩子患病期间形成的，紧随这一挫折感的，是孩子对生活的悲观态度。这些孩子在看到伙伴们行动自如的同时，感受到了一种自卑感的压抑。他们低估自己。他们要么完全丧失信心——如果他们试图取得进步，他们也只是勉强做出轻微的努力——要么感到处境绝望，这

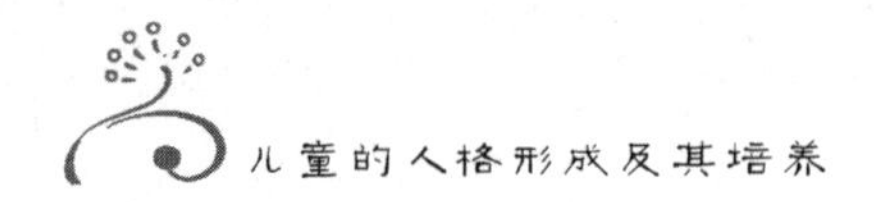

驱使他们不管三七二十一，拼尽全力赶上那些更加幸运的伙伴；两者必居其一。很明显，这样的小孩并没有足够的认识力对自己的情况做出正确的判断。

事实很明显，决定孩子成长的因素既不是孩子内在的能力，也不是他所处的客观环境，而是这个孩子对于外在现实的看法，以及他对他和这种现实所构成的关系的理解。这小孩与生俱来的潜在能力并不决定一切，我们成年人对于小孩的处境的判断也不重要。关键要以孩子自己的眼睛看待他的处境，以孩子那错误的判断理解他的情况。我们不能期待小孩的所作所为合乎逻辑——也就是说，符合我们成年人的常识。我们应当清楚：孩子们在理解和把握他们的处境时会出现谬误。的确，我们必须记住：如果孩子不会出错，对他们的教育也就无从谈起；如果孩子的出错是天生注定的话，我们也就不可能教育或改正他。因此，相信人的性格特征是与生俱来的人，不能够也不应该做教育孩子的工作。

健康的身体就必然有一个健康的心灵——这种说法并不真实。尽管一个孩子有身体的缺陷，但如果他能鼓起勇气面对生活，这样，在他有病的身体里我们就看到了一个健康的心灵。相反，如果一个小孩身体健康，但由于发生一连串不幸的事件，他因此对自己的能力得出一个似是而非的错误看法，那么，他的精神就不是健康的了。某一样失败常常会导致一个孩子相信自己的无能。这是因为这类孩子对困难异常敏感，他们把每一个障碍都视为他们无能的证明。

一些孩子除了学步遇到困难以外，在学说话时也困难不少。学说话应该和学步同时进行。这两件事情当然彼此互不相关，但家庭环境和对孩子的教育方式都直接影响着这两件事情。一些本来学语不那么困难的孩子，因为家人忽视帮助他们，所以就用较长时间都学不好说话。但很清楚，如果一个孩子不是耳聋，他的说话器官又完好无损，他就理应到一定的时候掌握说话的能力。在某些情况下，例如那些视觉方面特别敏锐发达的孩子，他们的言语能力一般延迟发育。而在其他情况下，父亲过分宠爱孩子，什么都代孩子说，而不放手让孩子尝试表达自己的意思，这样的孩子花上很长的时间牙牙学语，我们甚至会以为他的耳朵出现了问题。在他终于学会说话的时候，他对说话的兴趣就会变得相当的强烈，以致他以后会成为演说的行家里手。音乐家舒曼的妻子克拉拉·舒曼，到 4 岁的时候还不会说话，她 8 岁时才能讲上只言片语。她是个古怪的孩子，性格非常内向，她更宁愿在厨房里打发时间。由此我们可以推断出她没有得到别人的关心。“奇怪的是”，她父亲说，“孩子这一明显的精神不协调却是她那充满奇妙和谐的一生的开始”。卡拉拉·舒曼的情况就是一个过度补偿的例子。

聋哑孩子必须得到特殊、专门的训练和教育，因为完全耳聋的例子并不多——事实就是这样。孩子的听觉无论存在多大缺陷，他尚余的听觉能力应该得到最大限度的开发应用。罗斯托克的卡茨教授就已经做过这方面的实证：那些被视为缺乏声乐感的孩子经过他的训练，到最后都能够完全欣赏到音乐和声音的美。

有时候，孩子成功地掌握了大多数的科目，但在某一个科目——通常是数学——却糟糕至极；这不能不令人怀疑他们是否有某种形式的轻微的智障。算术学不好的孩子，有可能一旦

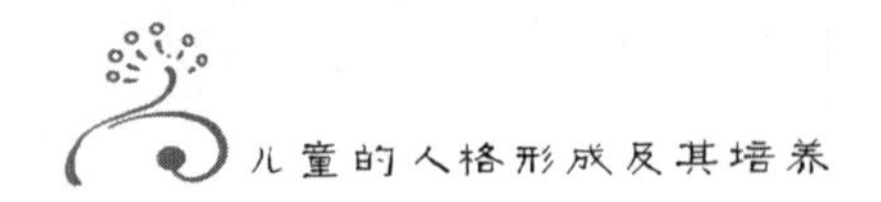

被这一科目唬住了，就再不愿在这一方面下苦工夫。在一些家庭，人们以不懂数学为荣，偶尔在艺术家家庭当中，也有这样的情况。除此之外，还有一种普遍的观点认为，女孩子相比男孩子更难学会数学，这个观点是错的。很多妇女成为优秀的数学和统计学专家。人们经常说，“男孩比女孩更能计算”。女孩子听到这样的话自然就会感到泄气。

小孩能否应用数学是一个重要的信号。数学是为数不多的给人以安全感的学科之一。它通过一系列的思考，把纷乱和无序以数字的形式稳定下来。具有强烈不安全感的人通常都拙于计算。

其他科目也是这样。写作把只有人的内在意识才了解的话语声音固定在纸上，它给予写作者安全感。绘画能使转瞬即逝的光学印象恒久不变。体操和跳舞表示得到了一种身体的安全感，同时，通过对我们的身体有把握的控制，也提供了一种精神的安全感。或许这就是那么多的教师都相信运动带给孩子好处的原因。

如果孩子学游泳感到很吃力，这是显示孩子自卑感的一个鲜明迹象。小孩轻而易举地学会游泳显示他有能力克服困难。小孩学游泳遇到很大困难——这表明孩子对自己、对他的游泳老师都缺乏信心。值得注意的是，很多刚开始有困难的孩子后来都成为优秀的游泳者。这些孩子对初学时遇到的困难耿耿于怀，当他最终学会游泳后，受此鼓舞，他就希望完美地掌握这一技艺。所以，他们通常都成为游泳高手。

孩子只特别地和某人形成紧密联系，抑或他对不止一个人感兴趣——知道这一点是很重要的。通常，孩子依附最深的是母亲；如果没有母亲的话，他就依附家中的另一成员。这种依附能力是每个小孩都有的，除非他是弱智或者白痴。如果孩子由母亲带大，但他依恋的却是另一个人，那么这就要去发现个中原因了。很明显，小孩不应该把他所有喜爱和注意力都集中在母亲身上，因为母亲最重要的作用就是要把孩子的兴趣和信任扩展到其他人身上。祖父母在孩子的成长中也担当着重要角色——但那通常都是溺爱、纵容孩子的角色。理由是老年人害怕自己再不被人需要，他们形成一种过分的自卑感，其结果就是他们不是吹毛求疵地批评人，就是发挥心软、和善的老者的角色。他们为了使自己在孩子眼里显得重要，从不拒绝他们的任何要求。到祖父母家拜访的孩子饱受他们的宠爱和纵容，小孩甚至拒绝回到自己那更受约束的家里。回家以后，他们抱怨家里不如祖父母的家。我在这里提及了祖父母在孩子成长中有时候所扮演的角色，目的是让教师在研究某一个特别孩子的生活方式时不至于忽视这一重要事实。

如果佝偻病所引起的动作笨拙难看（如附录中个人心理问卷的第二个问题），经很长时间都没有得到改善，那这一现象通常揭示这一事实：小孩得到太多的关心照顾，也就是说，孩子受到过分宠爱了。母亲们至少应该懂得不宜把小孩的独立性消灭净尽，甚至在小孩病了，需要得到专门照顾的时候，也应如此。

另外一个重要的问题是，小孩是否给人制造太多的麻烦。如果情况的确如此，我们就可以肯定母亲溺爱孩子了。她没有培养起孩子的独立性。小孩的这种故意找麻烦尤其表现在他睡觉、起床、吃饭、洗澡的时候，有时候也通过他的噩梦、尿床等表现出来。小孩制造所有这些麻烦显示出小孩企图得到某一个人的注意。他接二连三地制造种种麻烦，就好像小孩在不断地寻

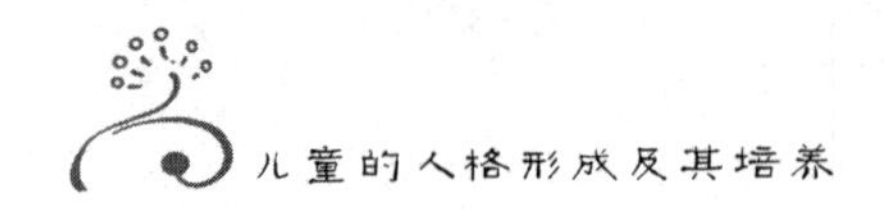

找控制父母的武器。我们可以肯定：如果一个小孩暴露出这些迹象，那么，他周围的环境肯定有问题。处罚不会起什么作用，这些小孩通常招惹他们的父母惩罚他们，以便向他们父母显示惩罚并不会奏效。

小孩智力的发育成长是一个很重要的问题。有时候对这问题很难正确回答，不时地应用比乃特（Binet）测试会有所帮助，但比乃特测试给予的答案也不总是可靠的。其他智力测试也是这样，它们的结果并不能判定孩子的终生。一般来说，小孩的智力发育很大程度上依赖家庭环境。较好的家境能在这方面给予孩子帮助；身体发育良好的孩子通常也得到较好的精神发育。不幸的是，在精神上发育顺利的孩子被预定从事“高素质的工作”或更好的工作；而那些成长比较迟缓的孩子则只有从事低下工作的份儿——事情往往就是这样安排。许多国家引入制度，为落后学生设立专门班。我们观察到的情形是，专门班的学生大多来自家境并不富裕的家庭。由此可以得出结论：这些相对穷困的孩子，如果他们能有更好的环境，无疑可以和有幸诞生在物质条件更好的家庭的小孩做一番成功的较量。

我们还需要观察小孩是否受到人们的取笑，或者会不会因为别人的嘲笑而变得灰心丧气。一些孩子能忍受这些令人沮丧的事情，但另一些孩子却会因此失去勇气，他们会躲避付出努力做有益的工作，而只专注于表面的花架子。如果小孩总是不断跟他人吵架，那就表现出这孩子正处于一种充满敌意的环境。他担心如果不主动侵犯别人，别人就会攻击他。这些孩子桀骜不驯，他们认为服从、听话是卑下的表示。他们相信有礼貌地回应别人的问候是一种屈辱的行为，他们回答别人的时候傲慢无礼。他们也从不抱怨，因为他们把别人的同情视为奇耻大辱。他们从不在他人面前哭泣，有时候该哭的时候却笑了起来——这让人产生一种印象，好像他们缺乏感情，但这只不过是孩子害怕暴露出自己的弱点而已。任何一桩残忍的行为都有某一秘密的弱点为基础。真正强有力的人不会对残忍感兴趣。这些拒不服从的孩子通常都邋里邋遢、脏兮兮的、咬指甲掏鼻子，并且固执己见。他们需要得到更多的鼓励。应该让这些孩子明白这一点：他们做出这些举动只是因为他们害怕表现出弱者的面目。

还有一个问题就是孩子是否能够与人友好相处，他在社会交往中是个指挥者抑或是个追随者。这些跟孩子社会感情的强弱程度或者他是否灰心丧气密切相关。这些还跟孩子服从或者指挥的欲望有关。如果一个小孩自愿与人隔绝，这表明他没有足够的信心跟同伴竞争，但他对优越感的渴望又是那样的强烈，他害怕和同伴在一起会使自己屈从他人。那些有搜集物品倾向的孩子显示他们想充实自己，超过别人。这种搜集的倾向是危险的，因为这种倾向很容易发展过头，最终变成一种过度的野心或贪婪——这是虚弱感的一种表现，这虚弱感在寻求一个支撑点。这种孩子很容易做出偷窃的行为（如果他们觉得自己备受冷遇和忽视的话）因为他们比别的孩子更加敏感，更加注意别人是否无视他们。

下面一个问题是了解孩子对学校的态度。我们要留意孩子是否勉强拖拉地上学，孩子是否对上学表现得情绪强烈（这种强烈情绪通常只是不愿意的表示）。孩子面对某些处境的担忧害怕会以多种形式表现出来。他们需要做功课的时候，会变得容易生气动怒。他们的精神很紧张，由此产生了类似心悸的情况。

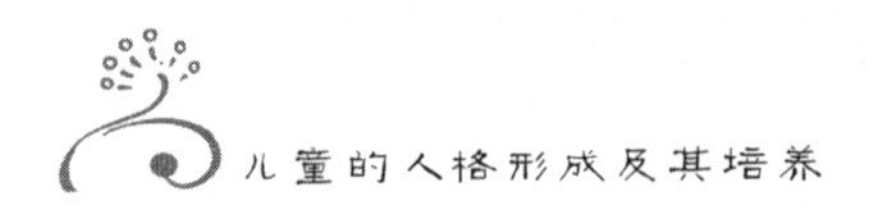

某一特别类型的孩子甚至会出现某些器官组织的变化。例如，性的兴奋。学校给孩子评分的制度并不是一个很好的办法。如果不采用这一方式把孩子们分类，孩子们就会感到如释重负。现在学校变成了一个考试接连不断的地方，但学生必须全力争拿高分，而低分数就等于给学生下了一个永恒的判决。

小孩是否自愿做功课，抑或需要别人强迫他？孩子忘记做功课表明孩子有躲避责任的倾向。功课成绩不好和孩子不耐烦做功课有时是孩子用以躲避上学的手段，因为小孩更愿做别的事情。

小孩是否懒惰？如果小孩功课不过关，他宁愿以懒惰为解释的理由，而不是自己欠缺能力。如果一个懒惰的小孩出色地完成了一样工作，他就会受到赞扬，并听到这样的话："如果他不是懒惰，他什么事情都可以做好的。"对这种言论他当然很高兴，因为他确信他不再需要去证明自己的能力了。属于这种懒惰类型的还有那些无法振作、丧失勇气、精神不专注、千方百计依赖别人的孩子。被宠惯的、为了哗众取宠而扰乱课堂纪律的孩子也属于这个类型。

孩子对老师的态度怎样？这问题并不容易回答。小孩一般会隐藏他们对老师的真实态度。如果小孩总是不断地指责并羞辱同学，我们就可以把这小孩蓄意贬损他人的倾向视为他对自己缺乏信心的表现。这种孩子傲慢、挑剔、什么事情都自以为是。他们用这种态度把自己的弱点遮掩起来。

那些无动于衷、感觉冷漠、处于被动状态的孩子倒是较难应付。其实他们戴着一副假面具，因为他们的内心并不是真的那么无所谓。他们被逼急的时候，一般会勃然大怒，甚至试图一死了之。他们从不会主动去做任何事情，除非他们接到指示。他们害怕遭受挫折，并且对他人估计过高。这种孩子应该多得到一些鼓励。

在体操和运动方面想一显身手的孩子显示他在其他方面也想一展风采，只不过在其他方面他们担心失败罢了。阅读量大大超出常规的孩子往往缺乏勇气，他们希望通过阅读赢取力量。这种孩子想象力丰富，但怯于面对现实。另外，还要注意孩子喜欢的故事类型：小说、童话故事、传记、游记抑或是些科学著作。在青春期，孩子们容易受色情刊物吸引。不幸的是，在每个大城市，都有书店贩卖这一类出版物。孩子日益增强的性欲和对性事的渴望使孩子的心思投往这一方向。我们可以帮助孩子为以后的成年人角色做准备，早年就对孩子进行性的说明教育，父母和孩子建立起亲切友好的关系——这些手段可以抗衡那些对孩子有害的影响。

再一个问题是了解孩子的家庭情况——家庭成员是否患有疾病。例如，酒精中毒（酗酒）、神经病、肺病、梅毒和癫痫病等。详细、全面地记录小孩的身体状况也很重要。小孩用嘴呼吸通常都带有一个傻乎乎的面部表情，这是由扁桃腺肥大引起的，它妨碍了孩子正常的呼吸。动手术消除这呼吸的障碍非常重要，因为动了手术他就会好的——这一信念会在小孩痊愈后给予小孩更多的勇气去应付学业。

家人的患病通常会妨碍孩子的成长。父母患有慢性病会给予孩子一个沉重的负担。家人患有神经和心理错乱的疾病会给整个家庭带来压抑。如果可能的话，应该尽量不要让小孩知道家庭中有人患有精神病。人们会迷信地认为精神病可以遗传，除此之外，精神病会给整个家庭投下阴影。其他如肺病、癌症等疾病也是如此。所有这些疾病会给孩子留下可怕的印象，有时候把小孩从这样的家庭环境转移出去会对小孩更有好处。家人罹患的慢性酒精中毒或者家人的犯罪倾向是孩子无法抵抗的有害毒素。但是，把孩子从家里转移出来，却又会产生妥善安置他们的问题。癫痫病患者通常容易生气动怒，从而破坏了家庭的和谐气氛。但最糟糕的则属于梅毒。梅毒患者的孩子一般都很虚弱，他们遗传了这一疾病，难以应付生活，对生活感到悲观。

我们不能忽视的事实是：家庭物质条件会影响孩子的人生观。对比家庭富裕的孩子，贫穷会引起孩子一种匮乏不足的感觉。过着小康生活水平的孩子，一旦家庭经济恶化，失去惯常的舒适，就觉得难受。如果祖父母的家境比父母要好，那种难受更会加深，就像彼特·金特的情形一样——他无法摆脱的想法就是他的祖父具有非凡的能力，但他父亲所干的每一件事都以失败告终。有时候孩子会变得异常勤奋，这其实是对他的懒惰父亲的一种抗议。

孩子跟死亡的初次接触如果突如其来，会产生一种足以影响孩子一生的震撼。一个从没有想到过死亡的孩子突然地面对死亡，他破天荒第一次认识到生命也会有尽头的时候。这或许会使孩子变得气馁，或至少使他变得胆小起来。阅读很多关于医生的传记，我们经常会发现他们选择了医生这门职业是由于他们小时候突然接触过死亡。这证据表明对死亡的认识极大地震撼了他们。避免孩子背上这个心理负担是明智的，因为他们还未能够完全明白死亡这个问题。孤儿或者过继的子女经常把他们的不幸归咎于他们父母的死亡。

孩子的家里是谁当家做主——这一点对了解孩子很重要。通常这个人是父亲。母亲或者继母主宰家庭，造成的后果是不正常的，而父亲通常就会失去儿女对他的尊敬。如果母亲控制家里的一切，那儿子以后很少能够摆脱对女人的畏惧。以后这种男人不是躲避女人就是在家里和女人闹别扭、制造不快。

我们还需要了解父母对孩子的管教采用了温和的方式，抑或严厉的手段。个体心理学认为太严厉或者太温和的教育方法都不适宜。我们需要做的工作是理解孩子、避免孩子形成错误的看法，不断地鼓励孩子勇敢地面对和解决他的问题，培养他的社会感情。对孩子吹毛求疵的父母只是害了孩子，因为他们使孩子丧失了斗志。对孩子的纵容迁就助长了孩子凡事依赖的态度，使他们倾向于依附某一个人。父母应该在避免浪漫地渲染这个世界的同时，也不应该用悲观的词语来形容它。父母的工作是尽量帮助孩子准备好应付生活，能够自己照顾好自己。那些不曾学会应付困难的孩子以后会想方设法回避所有的艰难险阻，这就使他活动的圈子越加缩小。

管教孩子的人是谁——对此要做到心中有数。母亲不一定和她的孩子总在一起，但她一定要知道管教孩子的人是谁。最好的教育方法是在理性许可的范围内让孩子从实践中学习，这样，指导孩子行为的就不是他人强迫他接受的诸多限制，而是客观事实之间的逻辑。

如何面对孩子在家庭所处的位置？这一问题很能说明孩子的性格。独生子女处在一个特殊的位置；有几个姐妹的幺子或者有几个兄弟的幺女都同样处境特殊。

怎样看待孩子对职业的选择？这是一个重要的问题，它告诉我们环境对孩子的影响、孩子所具备的勇气、孩子的社会感情以及他生活的匀称程度。孩子的幻想和孩子早年的记忆也同样意味深长。懂得解释孩子的回忆的含意,就能从这些回忆发掘出孩子的整个生活方式。孩子的梦显示了他发展的方向,他在做出努力去解决问题抑或在回避问题。我们还要了解孩子说话是否存在缺陷;他的长相英俊抑或丑陋;身材很好抑或相反等。

对于个人心理问卷中的下列问题,诸如孩子是否公开谈论自己的情况,有些孩子偏向于吹牛,以补偿他们的自卑感。有些孩子则绝口不提他们的情况,他们担心被人占便宜,或者担心如果暴露出自己的弱点,就会遭受到新的伤害。

再如:如果孩子在某一科目获得成功,例如绘画或音乐,那他应该在这一基础上获取鼓励,争取在其他科目取得好成绩。

如果孩子到了16岁还不知道他想要做什么样的工作,可以认为:他们是完全的灰心丧气,他们也应该得到相应的帮助。我们还要考虑到孩子家人的职业,还有兄弟姐妹之间的社会地位的差别。父母不幸的婚姻也会影响孩子的成长。教师的责任就是要谨慎行事,对孩子和孩子的环境有个正确的了解。教师可根据问卷调查所掌握的情况来安排矫正和指导孩子。

第七章

社会感情及其发展的障碍

或许人们会问，社会感情在何种意义上比起对优越感的追求更接近我们的天性?对此问题的答案是：这两件事情归根到底都有一个同样的内核，社会感情和对优越感的欲望这两者都以人性做基础。这两者都是人的某种根本欲望的表达——这种欲望寻求获得肯定，但这两种表达采用不同的形式，这是因为人们对人性持有两个固有的判断。

我们在前几章里讨论了孩子追求个人优越感的例子,与这些例子相对照的,是为数不少的孩子和成年人都有一种联结他人的愿望——在与他人的相互合作中,履行自己的职责,使自己成为一个对社会有用的人。这一现象可以用社会感情这一术语表达出来。社会感情的根源是什么?这是一个有争议的问题。但根据笔者至今为止的发现,社会感情这一现象看来涉及人的定义。

或许人们会问,社会感情在何种意义上比起对优越感的追求更接近我们的天性?对此问题的答案是:这两件事情归根到底都有一个同样的内核,社会感情和对优越感的欲望这两者都以人性做基础。这两者都是人的某种根本欲望的表达——这种欲望寻求获得肯定,但这两种表达采用不同的形式,这是因为人们对人性持有两个固有的判断。追求个人的优越感与这一判断相关:个人能够摆脱对团体的依赖,但社会感情所根据的另一

个判断却是个人在不同程度上都要依赖团体。这两种判断人性的观念互相比较。社会感情的观点无疑优于个人追求的观点。前者代表了一种更合理、逻辑上更为彻底的世界观，而后者只是一种皮相之见，虽然作为一种心理现象它更常见于具体个人。

如果我们想知道社会感情在何种意义上合乎真理和逻辑，那我们只需对人类做一历史的考察，我们就会发现人类总是过着团体群居的生活。这一事实不会令人吃惊，因为单个不能保护自己的动物，只能被迫生活在一起以便自我保护。我们只需把人和狮子做一比较就可以认识到：人作为动物的一种，他的生存很不安全。很多体型和人相仿的动物比人更加强壮，大自然赐予它们更多的身体武装，以作攻击和防御之用。达尔文观察到那些防御本领多少被大自然忽略了的动物都是成群结队地出没。例如，身体力量惊人的猩猩和配偶独自生活，但同是猿类家族的较小、较弱的成员则总是集体生活在一起。正如达尔文所指出的，正是因为大自然不曾赋予某些单个动物诸如尖爪、利齿、翅膀等，这些动物才组成团体一起生活以作弥补。

团体的组成不仅弥补了个别动物作为单个所欠缺的东西，还使它们发现防卫的新方法，这改善了它们的处境。例如，不少猴子群体懂得派出猴子在前路侦察，看是否有敌人。它们采用这种方式集结单个个体的力量，以充分补足团体中单一成员的能力欠缺。我们同样会发现，一群水牛集结在一起以抵抗那些凶猛有力的单个敌人。

研究这类问题的动物学家还说，在这些动物群里面，我们还经常发现类似于法律的安排。所以派出去侦察的动物一定得按照一定的规律生活，每一差错或者违规都会招致这个动物集体

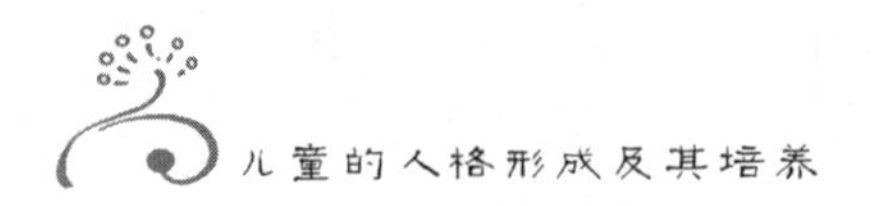

的惩罚。

有趣的是，在这一方面，很多历史学家强调人类最古老的法律最先针对的是部落的看守者。如果情况果真如此，那么，对集体——它由于动物无从保护自己而形成——的概念我们就有了了解。从某种意义上说，社会感情和个体身体力量的不足有极大的关联，前者只是反映了后者。因此，就人类而言，或许培养一个人的社会感情的最重要的时候，就是在他们的幼儿期——在这个时候，他们成长缓慢，无能为力。

我们发现在整个动物王国，除了人，再没有别的动物在刚出生的时候是那样的无助和脆弱。还有就是，正如我们知道的，人类的孩子需要最长的时间达致成熟——这并不是因为在小孩成年之前必须学会很多的事情，这一事实其实是由人的发育成长方式决定的。小孩需要得到父母更长时间的保护，这是他们身体组织的要求。如果孩子得不到这种保护，人类就会灭绝。在小孩身体单薄、力量不足的时候，我们正好可以把孩子的教育和培养社会感情两者结合起来。教育对于儿童是必不可少的，因为他身体不成熟，而要克服孩子的不成熟，则只能依靠团体的力量——这一事实为教育提供了方向。教育必须以社会团体为目的。

我们为教育孩子定下规则和采用一定的方法，但我们应牢记我们的目的是社会生活及适应社会生活。不管我们知道与否，从社会的角度看是好的事情总会给我们好感，而对社会普遍不利或者有害的行为都不会留给我们好的印象。

我们所探讨的那些教育上的错误，正是因为它们给社会带来危害的后果，所以才被称为错误。所有伟大的成就以及一个人的能力的发展，都是在社会生活的推动下，向着社会感情的方向取得的。

我们可以举人的言语为例。一个孤独生活的人并不需要言语的知识。人类发展了言语就无可争辩地证明了人类具有团体生活的需要。言语是人与人之间一种显著的维系物，同时也是人们共同生活的结晶。我们要想研究言语的心理则只能以社会生活为出发点。孤独生活的人不会对言语感兴趣。如果孩子孤独地长大，缺少了社会生活这一广阔的基础，他言语能力的发展就会停滞不前。只有当一个人和其他人发生了紧密联系，他才可以提高和掌握我们所说的言语能力。

人们通常认为言语表达良好的孩子只是在言语方面更有天分而已。这种看法并不正确。学习说话或者运用言语沟通感到困难的孩子一般都缺乏强烈的社会感情。没有学好说话的孩子通常都是被宠坏的孩子——他们还没有来得及运用言语表达他们的需要，他们的母亲就已经把事情做好了。这样，因为他们缺乏对言语的需要，这些孩子失去与他人沟通及调节适应社会的能力。

有些孩子不情愿说话，因为父母总不让他们回答问题和独立完成一个句子。还有一些儿童讲话被人哄笑、挖苦，他们因此变得沮丧和气馁。一刻不停地给孩子挑错和纠正似乎是在儿童教育方面一个普遍存在的不良习惯。这样造成的后果就是孩子长年受着低人一等的自卑感的煎熬。例如，如果某人在跟人说话时都千篇一律地这样开始：“千万别见笑……”这些话我们经常听到，可以想见，说这话的人在孩提时肯定经常受到别人的取笑。

有这样一个例子：一个小孩能说能听，但父母却是聋哑人。他意外碰伤自己时总是悄无声息地流泪。他感到有必要让父母看见他痛苦的样子，但哭出声音却是毫无用处的。

很难想象，如果缺少了社会感情，人照样能够培养出其他的能力，例如理解力或者逻辑意识。一个离群索居的人是不需要逻辑的，或者起码他并不比动物对逻辑有更大的需要。但一个经常跟人交往的人，就必须运用他的言语、逻辑和常识，他需要发展或者获得社会感情。这是所有逻辑思想的最终目标。

有时候某些人的行事很愚蠢，但实际上，考虑到这些人的个人目标，他们的行事却是聪明的。那些认为别人都以他们同样的方式看问题的人经常出现这种误差。这告诉我们社会感情或常识这些因素对于做出判断是多么重要(更别提如果社会生活不是那么复杂并且带给个人那么多的微妙问题，就不需要培养社会常识了)。很清楚，原始人停留在原始阶段，是因为他们相对简单的生存状态没有刺激他们发展起思想。

社会感情在培养人的说话和思维能力方面起着至关重要的作用，而人的这两种能力我们甚至可以视为神圣的。如果每人都无视他所生活的社会，而又试图妥善解决自己的问题，或者运用他自己的一套语言，那么，混乱就会发生。社会感情给予每一单独的个人一种安全感，这种安全感成为他生活的一根主要支柱——它或许有别于我们从逻辑思想和真理所获取的信心，但它却是这种信心的一个最显著的构成部分。举一个例子说吧：为什么数学计算能得到所有人的接受和信任，以致我们都倾向于只把用数字表达的东西视为真实和精确呢？理由是数字运算更易于传达给别人，同时，我们的头脑要操作这些数字运算也更加容易。我们对那些无法传达的，或者无法与人分享的真理不抱很大的信心。柏拉图在试图赋予所有哲学以数学和数字的形式时，他脑子里肯定转着这一连串的想法。柏拉图想让哲学家回到"洞穴"，也就是，参与同类的生活——从这一事实，我们就更看清楚柏拉图所说的和社会感情之间的联系。柏拉图感觉到，甚至哲学家，如果缺乏社会感情所带来的安全感，也不会懂得生活。

儿童可以说缺少这种安全感的积累，一旦他们和他人发生交往或者独立完成某些任务，他们缺乏安全感这一事实就暴露出来了。尤其他们在学校学习那些需要进行客观、逻辑思考的科目时，例如数学，他们就更加显示出这方面的问题。

在童年时代，孩子需要学习的各种观念(例如，道德感、伦理学等)，都是以片面的形式传授给他们。对于一个注定要离群索居的人来说，伦理观念是无法想象的。只有当我们考虑和照顾社会团体和他人的权益时，道德价值才会有意义。在审美和艺术创作方面，要证实我们的观点稍为有点困难。但是，甚至在艺术的王国，人们对艺术的感受也都大致相同，这或许是因为人们都遵循他们对健康、力量、正确的社会发展的理解。就艺术而言，理解、认同的界线是有伸缩性的，或许个人的趣味有更多的活动空间。但大致上，甚至艺术美学也遵循着社会的目标。

如果有人提出实际的问题：我们怎样才能鉴别孩子社会感情的发展程度？我们的回答是，需要观察小孩的某些行为表现。例如，如果我们看到，孩子在追求优越感的时候罔顾他人，务求突出自己，那么，我们可以肯定他们比那些避免这种做法的人要缺乏社会感情。要知道，在我们当今的社会，不渴求个人优越感

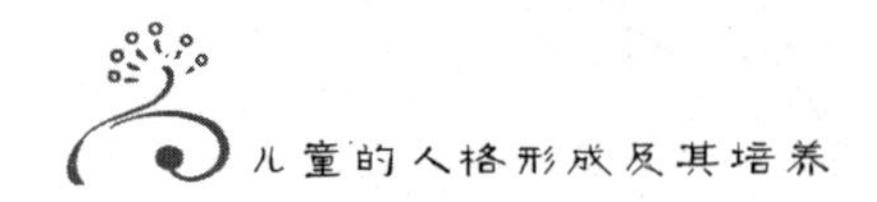

的孩子绝无仅有。正因为如此，儿童的社会感情通常得不到充分的培养。人性的批判者，古今的道德学家都抱怨过这种情况：人类本性就是自我的，他们考虑自己更甚于考虑他人。这也是道德说教经常表达的意思，但这对于孩子和成人都收效不大，因为仅凭道德格言不会取得什么结果。人们最终只能这样聊以自慰：他人也不比自己好得了多少。

如果孩子是非观念混淆不清，甚至形成有害或者犯罪的倾向，那么，和他们打交道时，我们就要认识到，连篇累牍的说教已经收效甚微。在这种情况下。我们应该更加深入问题的实质，以便根治孩子的弊病。换句话说，我们必须放弃审判官的角色，转而采取伙伴和医生式的立场。

如果我们喋喋不休地告诉一个孩子他很坏很蠢，用不了多久他就会信以为真。从此以后，他再不会有足够的勇气去解决他遇到的问题。接下来发生的事情就是，无论孩子尝试做什么事都以失败告终，他更加确信自己是蠢笨的。他不会明白：是他周围的环境首先摧毁了他对自己的信心，在不知不觉中，他往往会做出行为去证实别人对他的错误看法。这小孩感觉不如别人能干，他感觉自己的才能和发展潜力相当有限。他这种态度准确无误地反映出他那沮丧透顶的心境——这种心境和他周围不良环境的影响直接相关，并恰成正比。

个体心理学试图表明，从孩子所犯的错误可以看出外在环境对人产生的影响。例如，一个邋里邋遢、杂乱无章的小孩，在他的背后总有一个随时帮他把东西收拾整齐的人；孩子撒谎，因为他有一个盛气凌人的父亲——他试图用严厉的手段改正小孩撒谎的毛病。孩子喜欢吹牛也让人们看到环境影响的痕迹。喜欢吹牛的小孩梦寐以求的是别人对他的赞语，而不是成功地做好任何一样工作；在他追求优越感的过程中，他无时无刻不在寻求得到家人的好评。

父母经常忽略或者不理解孩子在家庭中各种不同的处境。在有兄弟姐妹的家庭里，每个孩子的处境位置都不同。长子的位置是独一无二的，因为他曾经唯我独尊。他经历的情形次子不会了解。幺子的情形并不是每个孩子都经历过的，因为他在一段时间里面是家庭最小最弱的人。这些处境各有不同。如果兄弟俩或姐妹俩一起长大，那年长的和更能干的孩子已经克服了某些困难，但年幼的却仍然要面对这些困难。这两个孩子当中，年幼的处在相对不利的位置，并且他感觉到这一点。为弥补他的自卑感，年幼的孩子会加倍努力，以求超越他的哥哥或者姐姐。

长时间研究过儿童的个体心理学家通常能够判断出孩子在家里的位置。年长的孩子取得的是常规的进步，而弟弟或妹妹因为受到刺激，所以会做出更大的努力去追赶哥哥或姐姐。这样的结果就是弟弟或妹妹表现得更加活跃主动，也更加咄咄逼人。如果年长的孩子是较弱的人，并且成长得比较缓慢，那么，弟弟或妹妹就用不着全力以赴地投入竞赛。

所以，确定孩子在家庭的位置是很重要的，因为只有了解了这一情况，才能够全面地了解这个孩子。家庭中最小的孩子所表现出的迹象，会准确无误地告诉我们他就是家庭中的幺子或幺女。当然，这种情况也有例外，但这一类孩子最普遍地表现为：渴望超越所有人，总是跃跃欲试。驱使他们不断努力的感觉和信念，是他们能够比所有人取得更多更大的成就。观察孩子的这些情况对如何教育孩子很有意义，因为这样，我们的教育方法和手段就会因人而异。对待所有的孩子不可能遵循同样的规则。每个孩子都是独特的，我们把孩子分成若干类别时，必须注意到每个孩子都是一个个体，我们要这样对待他们。这在学校几乎无法做到，但在家里家长却完全可能做到。

家里的幺子属于总想抢夺人们的注意、在众人中脱颖而出的一类。他们在很多情况下都顺利成功，这一点特别重要。因为它极大地动摇了精神特质是遗传的这一看法。出自不同家庭的幺子幺女有那么多的相似之处，这使遗传的说法更难让人相信了。

还有另一类型的幺子幺女——他们和上述的活跃主动型的孩子恰恰相反。他们心灰意懒，他们倦怠到了无以复加的地步。这两种类型之间貌似巨大的差别，可以从心理学上得到解释。怀着巨大的欲望要超越他人的人比起任何人都更易受到困难的打击。他的野心煎熬着他。当困难显得难以克服，和那些没有怀着如此强烈欲望的人相比，他更加迅速地退缩逃避。幺子的这两种类型，印证了一句拉丁俗语："全部都要或者全部都没有。"

在《圣经》里面，我们可以找到关于幺子的精彩描述——这些描述，例如约瑟夫、大卫、梭尔等故事跟我们的经验互相吻合。对此可能提出的反对意见是：约瑟夫也有一个弟弟。但对此的反驳是：约瑟夫的弟弟本杰明诞生时，约瑟夫已经 17 岁了。所以，约瑟夫作为孩子是属于幺子一类。在现实生活中，我们经常看到幺子挑起整个家庭生活的担子。证实我们的见解的材料不仅来自《圣经》，还有神话故事。在所有的神话故事里面几乎无一例外，幺子都超越了他的哥哥、姐姐——在德国、俄罗斯、斯堪的纳维亚和中国的神话故事里面，幺子总是征服者。在这里，纯粹的巧合是根本不可能的。事实可能是在古代，幺子的形象比起今天更加显著突出。幺子这类人物受到人们的注意，因为在原始的条件下，他们或许更能引人注目。

孩子由于在家庭所处的位置而形成的特征还有很多可写之处。家庭的长子之间也有许多共同特征，这些特征也可以分为两类或者三类。

笔者过去曾长时间研究过长子的情况。那时候，我对这一方面的问题还没有很清晰的认识，直到我无意中读到冯塔纳[①]自传中的一段文字。冯塔纳在书里描绘了父亲——一个法国移民——参加了一场波兰对俄国的战争。父亲在看到一万名波兰士兵打败了五万名俄国士兵，并杀得他们丢盔弃甲逃跑时，就总是非常高兴。冯塔纳不明白父亲为什么这样高兴。跟父亲相反，他提出异议，理由是五万名俄国士兵肯定要强于一万名波兰士兵，并且，“如果情况不是这样，我一点都不会高兴，因为强者就应该永远都是强者。”读到这一段落，我们马上就可以得出结论：“冯塔纳是个长子！”只有长子才会说出这样的话。冯塔纳还记得当他还是家里唯一的孩子时他在家里拥有全部权力，他觉得被一个更弱小的人推翻了“王位”，实在是一件不公平的事情。事实上，可以发现，长子们通常都有保守、循旧这一性格特征。他们对权力、规章制度和铁定的法律深信不疑。他们倾向于公开地、问心无愧地接受专制主义。他们对权位持肯定的态

① 19世纪德国作家。——译者注

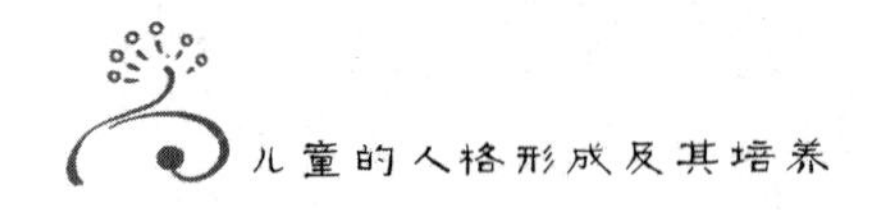

度,因为曾几何时他们自己也占据过这样的位置。

像我们已经说过的,这一类长子当中也有例外情况。其中的一个例外值得在这里谈一下。这个问题至今还受到人们忽视。长子有了一个妹妹以后他的处境就变得艰难了。那些无所适从、灰心丧气的男孩——他们的情况,用不着明说,都显示出给他们带来麻烦的就是他们的聪明的妹妹。这种情况频繁发生并不是偶然的,对此我们有一个相当顺理成章的解释。要知道,在我们目前的时代,男人被视为比女人更重要。第一个出生的儿子通常都被宠爱有加,父母对他期望甚大。他的处境很不错——这种情况一直延续到妹妹的出生。这女孩面临的是这样的一个处境:一个被宠坏了的哥哥视她为一个可恨的入侵者,他要跟她拼力争斗。这种处境刺激她做出非同一般的努力,并且,如果她能保持勇气,那么这种刺激就会影响她的一生。女孩的快速成长吓坏了哥哥,他突然觉得男性优越的神话破灭了。他心里不再感到踏实。按照大自然的安排,女孩子在14岁到16岁时思想和身体都发育得比男孩子快。这样,哥哥心中的不踏实感有可能最后变成彻底的气馁。他轻易对自己失去信心,并且放弃努力,找出赖以应付的借口,或者故意替自己设置障碍,目的就是为自己不再努力找出理由。大量这样的长子变得神经兮兮,无所适从,他们的怠倦令人费解——没有别的原因,只是因为他们感到无力和妹妹竞争。这种男孩有时候会令人难以置信地憎恨女性。他们的命运很不好,因为很少人明白他们的处境并跟他们做出解释。有时候事情会变得糟糕透顶,父母和家中其他成员甚至抱怨说:“怎么会出现这种阴差阳错的事情呢?为什么我们的男孩不是女的,女孩不是男的呢?”

生活在几个姐妹当中的唯一男孩也有他这一类共有的特征。在女多男少的家里很难避免形成一种女性味十足的气氛。这男孩有可能受到家中所有人的宠爱，但也有可能家中所有的女性都排斥他。情况不同，这种男孩的成长自然也就有所不同了。但他们都有共同的特征。我们知道，有一种普遍流传的观念认为：男孩不宜单独由女性培养教育。这一观念不能从字面上去理解，因为所有的男孩都是先由女性抚育起来的。这种观念的真正含义是男孩子不应在纯女性的环境氛围中成长。这不是针对女性的议论。只是因为这种环境氛围会让男孩产生误解。在男孩群中长大的女孩也是同样情形。男孩子们通常瞧不起他们当中的女孩，结果就是她试图模仿男孩子来取得平等，但这样的做法却为她以后的生活造成不相适应。

无论一个人多么宽容，他都不可能赞同这一说法：对女孩子应该采用男孩子式的教育。人们可以短时间这样做，但很快，某些无法回避的男女差异就会明显出现。男人们在生活中担当的作用与女性有别，这是由男人的身体构造所决定的；在选择职业的时候，考虑到这一点很重要。那些对自己的女性角色不满的女孩子有时候会发现很难适应和接受那些为女人而设的工作。谈到将来的结婚、生孩子，很明显，为女孩子以后的生活做准备的教育，必须和目的着眼于将来的男性角色的教育有所不同。对自己的性别不满的女孩反对婚姻——她们视婚姻为一种屈尊、降格的行为；或者，如果她们真的结婚，婚后她们就会颐指气使。从小接受女孩子式教育的男孩同样会很难适应我们现在文化社会的形态。

在考虑这些情形的时候我们不要忘记，一个小孩的生活方式通常在 4 岁或 5 岁的时候就已经形成。在这一段时间他必须培养社会感情和锻炼调节适应社会的能力。小孩到了 5 岁时，他对他的环境的态度通常已经确切固定下来，他今后的发展都大致向着同一个方向。他对外在世界的统觉保持不变；孩子的眼光跳跃不出他的视野，那早已形成的思想运作模式，和由此产生的行为会不断地重复。一个人的社会感情的发展受着这个人的精神视野的制约。

第八章

孩子在家庭的位置：孩子的心理及其相应的对策

对孩子的教育应该越早越好。随着小孩的长大，他会形成自己一整套的规律和方式以调节行为，他这一套思想决定着他对不同的处境所采取的应变方式。孩子年幼的时候，他形成的独特思维程序——他以此指导将来的行为——还没有露出端倪；经过数年的训练，他的行为模式固定下来了；他再也不可以客观地看问题——他只是根据自己对以往的生活的理解对事情做出反应。

我们已经清楚，孩子在无意识中对他在生存环境中所处的位置形成一套看法，他的这套看法与他的成长密切相关。我们还了解到家庭中长子、次子、老三都根据他们在家庭中各自所处的位置以不同的方式成长。

对孩子的教育应该越早越好。随着小孩的长大，他会形成自己一整套的规律和方式以调节行为，他这一套思想决定着他对不同的处境所采取的应变方式。孩子年幼的时候，他形成的独特思维程序——他以此指导将来的行为——还没有露出端倪；经过数年的训练，他的行为模式固定下来了；他再也不可以客观地看问题——他只是根据自己对以往的生活的理解对事情做出反应。如果孩子对某一特定的处境，或者对他应付某一特定困难的能力做出了错误的判断，那么这一错误的判断就会决定他的行为，逻辑或常识都不会改变他成年以后的行事方式，除

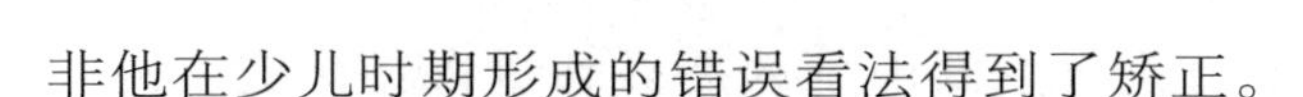

非他在少儿时期形成的错误看法得到了矫正。

孩子在成长时期总有一些属于他个人主观的东西，教育孩子的人应该了解孩子的这种个性。孩子有自己的个性，所以，我们不能应用千篇一律的法则去教育为数众多的孩子。我们应用同一条法则，在不同的孩子身上却会产生出不同的结果，原因就在这里。

但如果孩子们以几乎同一样的方式对同一种的情况做出反应，我们却不能认为这是自然法则所使然；真实的情形是，由于众人对出现的情况缺乏了解，他们就会犯下同样的错误。人们一般都认为一个小孩的出生会导致另一个孩子的嫉妒。反驳这一泛泛推论的意见是：我们有不少例外的情形；另一种反驳意见认为，如果我们懂得怎样帮助孩子为弟弟或妹妹的到来做好准备，那嫉妒就不可能发生。形成错误见解的孩子好比在山里走路的人，他走到一个岔路口，不知道该从哪里走或怎么走。他终于走对了方向，并抵达目的地。他听见人们惊讶地说："几乎所有走上你那条路的人都迷失了方向。"那些充满谬误的歧路看上去很好走，它们因此吸引着孩子。

还有许多其他处境都会极大地影响孩子性格的形成。我们不是经常看到在同一家庭出现表现一好一坏的两个孩子吗？如果我们深入地了解其中的情况，我们就可发现表现坏的孩子特别强烈地追求优越感，他要控制所有的人，尽他的所能去控制周围的环境。在家里，人们不断听到他的声音。行为良好的孩子则刚刚相反，他安静、谦虚，是家里的宠儿，是人们要另一个孩子学习模仿的榜样。父母无法解释为何在同一个家庭会出现行为大相径庭的两种孩子。经过一番检查，我们了解到，表现好的孩

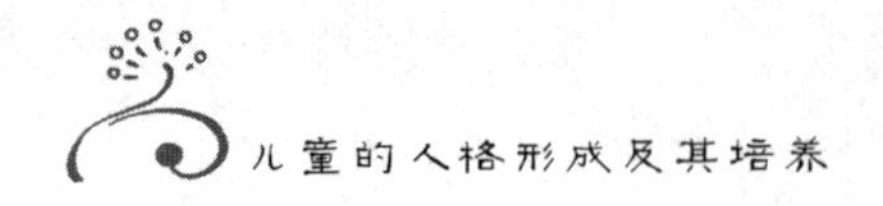

子发现用他良好的行为可以获取别人更多的承认。在这一例子中,他可以在和他表现欠佳的兄弟或姐妹的竞争中占取上风。可以理解的是,如果两个孩子之间出现了这种性质的竞争,第一个孩子对以更加良好的表现超越第二个孩子不抱希望,他干脆全力以赴地在相反的方向超过他,也就是说,他变得尽可能的调皮捣蛋。经验告诉我们,这类淘气孩子其实可以变得甚至比他的兄弟姐妹还要行为端正。经验还告诉我们,对优越感的强烈愿望会表现为向着某一个极端方向努力。在学校我们看到同样的情形。

不可能因为两个孩子在同样的条件下成长,就可以预言他们会变得一模一样。两个孩子不可能在一模一样的条件下成长起来。例如,在上面的例子,行为良好的孩子——他就受到那不良举止的孩子的很大影响。事实上,有很多孩子开始时表现良好,但后来却变成了问题儿童。

这有一个 17 岁女孩的例子。她到 10 岁时还是个模范儿童。她有一个比她大 11 岁的哥哥,哥哥在 11 年间是父母唯一的孩子,所以,他备受宠爱。当女孩出生时,这男孩并不嫉妒她,他仍然像往常一样。当女孩长到 10 岁时,哥哥开始长时间地离开家里。女孩取得了独生子所处的位置。地位改变以后,她就想不惜代价地我行我素。她生长在一个富裕的家庭,所以当她还很小时,家人就轻易满足她的愿望。但她长大后,事情不可能总是这样。她开始表示不满,开始以家庭的财产信誉借钱,在短短的时间内,她就欠下一大笔贷款。这样的行为除了表示她选择了另一条道路来满足自己的愿望以外,别无其他意思。母亲一旦拒绝满足她的要求,她的良好行为就消失殆尽。接下来就

是吵架、哭闹，女孩从此变成了一个最令人讨厌的人物。

从这一例子——还有类似的例子——我们可以得出这个总的结论：一个孩子可以用良好的行为来满足他对优越感的追求，所以，我们不能肯定如果情况发生变化，这种良好行为仍然能够得到保持。我们附在书后的心理问卷能够提供关于一个孩子的更加全面的情况——他的性格、他的活动、他和周围环境及周围人所建立的关系。他的生活方式总会显示出来，我们结合问卷对得到的资料进行一番研究以后发现，孩子的性格特征、他的感情和生活方式都无一例外服务于追求优越感、提高自己的价值感和获取他人的尊重。

在学校我们经常遇见这样一类孩子：他们好像和这里的描述不相符合。他们懒惰、内向，对学习、纪律和人们对他的批评教育一概无动于衷。他有自己的幻想世界，看不出他有追求优越感的迹象。但具备相当的经验就可以知道，这些只不过是孩子追求优越感的另一种形式而已——虽然这是一种荒谬的形式。这样的孩子对于运用正常手段去取得成功并不抱信心，结果就是他躲避所有帮助他进步的手段和机会。他远离众人，给人以性格冷漠的印象。但这种冷漠并不是他的全部人格；在冷漠的背后，却是一个极度敏感的、颤动的心灵——它需要以外在的冷漠来避免受到伤害。他把自己裹得严严实实，外界的事情也就无法触动他了。

如果能找到办法使这种孩子开口说话，我们就可以发现他们很专注于自己。他们做着各种白日梦，在幻想世界中自己又总是显得高大、完美。在这些白日梦里，现实消失不见了。他们简直就是征服众人的英雄；或者他们成为了集权力于一身的专

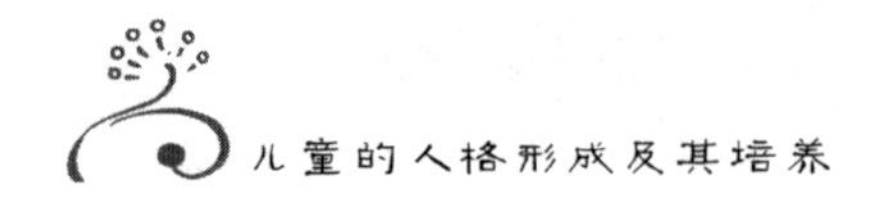

制独裁者;又或者,他们变成了为帮助受苦受难的人而献身的烈士。这些孩子倾向于扮演救世主的角色,这表现在他们的白日梦和日常行动之中。当他人发生危险时,这种孩子能够挺身而出施与援手。这些在白日梦里扮演拯救者角色的孩子在现实生活中也训练自己扮演同样的角色;如果他们没有完全丧失自信,一旦机会出现,他们就会扮演这种角色。

某些白日梦不时地重现。在奥地利君主制时期,有许多孩子都做着拯救国王或太子脱离危险的白日梦。他们的父母当然不知道他们的儿女有这种念头。需要说明的是,太过沉浸在白日梦里的孩子并不能适应现实,他们无法使自己成为有用的人。在这种情况下,现实和幻想之间存在着很大的距离。有时候孩子会采取折中的做法:他们在稍做努力适应现实的同时保留着他们的幻想。其他的一些孩子完全不做适应现实的努力,并且越来越脱离现实,沉浸在一个自己虚构起来的幻想世界里面。还有一些孩子则完全不接触跟想象有关的书籍,他们只阅读和现实有关的东西——例如,旅行故事、关于狩猎和历史的书籍等。

毫无疑问,一个孩子要接受现实生活,需具有想象力和意愿,但不能忘记,孩子们看待这些事情的方式与我们成年人有别;他们倾向于把这世界截然分为两个极端。要理解孩子,我们一定要记住:他们很强烈地倾向于把每样事情划分为泾渭分明的两类(上或者下;全部都好或者全部都坏;聪明或者愚蠢;优越或者卑下;要么全部都要,要么一点都没有)。成年人当中也有采用同样一套把事物对立起来的认知方式。众所周知,摆脱这种思维方式是困难的。例如,尽管我们从科学上知道冷和热的区别只是温度在级别上的不同，但我们还是把冷和热视为两种对立的状况。不仅在儿童身上经常见到这种对立的思维方式，在人类哲学的早期也是这种情况。希腊哲学的早期占主导地位的就是这种把事物互相对立的思想。甚至今天几乎每一个业余哲学家都用非此即彼的观点衡量价值。在一些人的心目中，生与死，上与下，男人与女人——这些都是互相对立、势成水火的。这种孩子气的认知方式和古老的哲学认知方式之间有明显的相同之处。我们可以推断，那些习惯于把世界事物划分为尖锐对立的人，还保留着孩提时期的思维。

按照这种非此即彼的判断方法生活的人有他们的一套公式，可以由这样的格言表达："要么全部都要，要么一点都没有。"当然，这种想法在这世界根本行不通，但人们还是依照这个想法来安排、处理他们的生活。人类要不就拥有一切，要不就什么都没有——这是不可能的，在这两个极端之间有着无数的等级。习惯这种非此即彼的判断方式的人具有强烈的自卑感并因此变得野心勃勃。在历史上，有好几个这样的人物，例如恺撒。他在谋取王位时被朋友杀死了。小孩的很多古怪性格特征——例如偏执、顽固——它们的根源就是这种非此即彼，不是全部占有，就是全部失去的思想。这方面的例子俯拾皆是，我们甚至得出结论：这些孩子有他们自己的一套哲学；或者说，他们的思维方式和常识相左。我们可以举出一个例子来说明问题：一个4岁的女孩特别偏执顽固、乖僻反常。一天，母亲给她一个橙子，她接了过来，然后把它摔在地上说："我想要的时候我就要，你拿给我，我就不要！"

懒惰的孩子一旦不能全部占有，就越发耽于幻想，沉迷于空

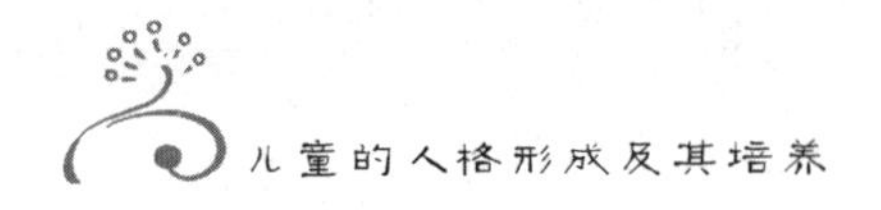

洞的不切实际的想法之中。但我们不能马上推断这些孩子无可救药。特别敏感的孩子很容易逃避现实,因为他们自己筑起来的幻想世界给他提供保护,使他免受伤害。这种逃避不一定意味着他们完全无法适应现实,跟社会格格不入。不仅作家和艺术家需要与现实拉开一段距离,甚至科学家也需要这样,因为科学家也需要有良好的想象力。白日梦里的幻想只不过是一条迂回的道路,它帮助人们尝试绕过生活中的不愉快和可能遭遇的失败。我们不要忘记正是那些禀赋丰富的想象力,并且能够把想象和现实相结合的人才能成为人类的领袖。他们成为领袖,不仅因为他们受到更好的学校教育,具有锐利的观察力,而且还因为他们有意识地、充满勇气地面对生活困难,并且成功地战胜这些困难。众多伟大人物的生平事迹告诉我们:尽管不少人小时候不够重视现实,而且课业也不怎么出色,但他们却养成关注周围一切的非凡能力,一旦条件成熟,他们的勇气就足以使他们直面现实,努力奋斗。当然,如何培养小孩成为伟大人物,并没有法则可循,但是要记住,千万不要过分粗暴、唐突地处理孩子出现的问题;我们需要鼓励他们,千方百计地向他们解释真正生活的含意,这样就不至于拉大了现实和幻想之间的距离。

第九章

新的环境——对儿童的准备工夫的一种测试

如果我们可以直接测试个别的孩子，把他们置身于新的和意想不到的处境中，根据他们的表现，我们就可以发现他们的成长状况。这些人在新的处境做出的行为肯定跟他们以往的性格互相吻合，我们就由此发现了在一般情况下难以发现的他们的性格。

人的心理不仅是一个统一体——人格的各种表达互相吻合、呼应，浑然一体——而且它还是一个持续不断的发展过程。人格的发展在时间上不会出现突然性的跳跃。现在和将来的行为总是和过去的性格一脉相承的。这并不是说，一个人一生中的大小事情被过去和遗传机械地确定下来，但这确实意味着连接在一起的将来和过去，彼此之间并没有断裂的地方。我们不能一夜之间跳出我们的肉身变成另一个人，虽然我们不清楚我们原来的肉身是什么——意思是，直到我们表现出我们的能力的那一刻，我们还不清楚知道我们所具有的全部潜能。

正因为人格的发展连续不断——这里没有机械式的决定论的意思——我们才有可能教育和改进孩子，才有可能在某一特定的时间检测一个人的性格发展的状况，当一个孩子进入一个新的处境，他隐藏着的性格特征就会表现出来。如果我们可以直接测试个别的孩子，把他们置身于新的和意想不到的处境中，根据他们的表现，我们就可以发现他们的成长状况。这些人在新的处境做出的行为肯定跟他们以往的性格互相吻合，我们就由此发现了在一般情况下难以发现的他们的性格。

就小孩而言，在一些情况转变期——例如，他们离开家到学校上学，或者，他们家庭状况突然有所改变——我们或许最能发现孩子的性格。在这些时候，孩子性格的局限就会清晰凸现，犹如相片的底片被放进冲晒液中便显出图像一样。有一次我们有机会仔细地观察了一个被领养儿童。他性格暴躁，行为令人难以捉摸。我们和他交谈时，他没有很敏锐地回应我们的话题。他讲的事情跟我们的问题并不相干。了解了这孩子的整个情况以后，我们的结论是：这个小孩已经在养父母家有几个月的时间了，但他对他们还有着敌意，在养父母家里他并不感到愉快。

这就是我们得出的唯一结论。孩子的养父母先是摇头，接着，他们告诉我们他们很照顾这个孩子。事实上，从前还没有人给过他这么好的照顾。但这不是问题的所在。我们常常听到父母说："我们对小孩什么方法都尝试了，软硬兼施，但就是没有收到效果。"父母仅仅善待孩子是不够的。有些孩子对父母的善意有所回应，但我们不能据此就认为我们改变了他们。他们相信他们暂时的处境还不错，但本质上他们还是依然故我，对他们的友好态度改变以后，他们就会马上故态复萌。

关键是要了解小孩的感觉和想法——他对自己处境的理解，父母一厢情愿的想法并不重要。这对养父母指出，这小孩觉得跟他们在一块并不快乐。我们不知道孩子是否有理由这样感觉，但肯定有某些东西引起小孩对他们的憎恨情绪。我们告诉

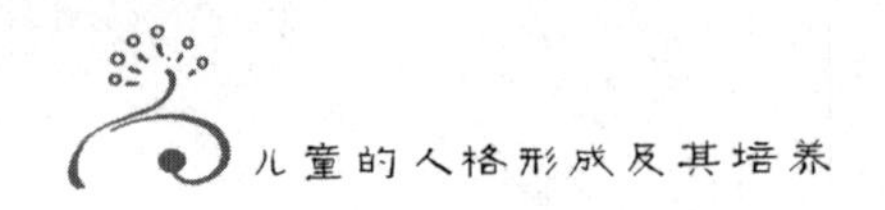

这对养父母,如果他们无力扭转孩子的错误看法和赢得他的爱,那他们就只能把孩子移交给别人了,因为小孩觉得被人囚禁了,对此他肯定会做出反抗。后来,我们听说这男孩变得名副其实的暴躁狂怒,事实上他变成了一个危险人物。对他温柔相待或许会使小孩稍为收敛一点点,但那并不够,因为他不明白整件事情到底是怎么一回事。而随着我们得到更多情况,我们弄清楚了整个情形:小孩和养父母的孩子一起生活,他认为养父母关心、爱护他们的子女甚于关心、爱护他。这当然不是他大发雷霆的原因,但小孩想脱离这个家庭,因此,有助于他实现这个愿望的事情他都会做得出来。考虑到这个孩子为自己定下的目标,他的所作所为其实是很聪明的。我们可以撇开任何他头脑可能不大健全的想法。过了好一段时间,这家人才意识到,如果他们无力改变他的行为,他们就只能把他交给别人了。

如果对这种小孩的失误实施惩罚,那么,这就会更加成为他继续反抗的理由,更加证实了他的感觉:他的反抗是对的。我们的观点有充足的根据。从我们的角度看,这个小孩的错误想法和行为都只是他和他的环境搏斗的结果,是他无法适应新环境的结果——他从未接受过训练准备以应付这一新的处境。孩子犯的错误是幼稚的,但我们不应对此感到奇怪,因为成年人也同样犯这些孩子气的错误。在研究解释人的手势、姿势和其他一些不很明显的身体语言这一领域,人们几乎没有做过深入的探索。把孩子的各种表达联系起来,探讨这些表达之间的关联,找出他们的根源——在这方面,教师的位置得天独厚。要注意的是,某一种的表达方式在不同的场合会有不同的含义,两个小孩做同一样的事,但含义却并不一样。更有甚者,尽管源自于同一心理问题。但问题孩子的表达方式也因人而异。道理很简单,不止一条道路通往同一个目标。

我们不能从常人的角度判断事情的对或错。孩子出现差错是因为他们的目标有问题。所以,追求错误的目标导致错误的结果。人就是这样奇怪:虽然真理只有一个,但他们犯错的可能和机会却不可胜数。

孩子的某些表达方式在学校不为人注意,但这些表达方式都有它们的含义。例如,睡觉的姿势。有这样一个有趣的例子:一个 15 岁的男孩,经常做着这样的梦:当时的国王法兰西斯·约瑟夫一世死了,他的鬼魂出现在孩子的面前,鬼魂命令他组织一支军队向俄罗斯进发。夜晚我们走进他的房间察看他的睡眠,我们看到的是,他的睡觉姿势很特别,俨然是拿破仑指挥千军万马的样子。第二天看到他的时候,发现他的动作姿态跟他的睡眠姿势很相似。很明显,他的幻觉和他清醒时候的动作态度大有关联。我们引导他谈话,我们试图让他相信国王还活着,他却不愿意相信这一点。他告诉我们他在咖啡厅做侍应时,他的矮小身材经常受到别人的取笑。我们问他有什么人走路姿势与他相似,他想了一会儿说:“我的老师,麦尔先生。”看来我们猜对了,只要把矮个子麦尔先生看成是小个子拿破仑,最后的问题就迎刃而解了。还有更重要的一点是:男孩告诉我们他想成为一名教师。麦尔先生是他喜爱的老师,他想模仿他所做的一切。一句话,这男孩的全部生活都集中表现在他的一个姿势里面了。

一个新的环境就是对小孩的一个测试——测试他为生活做出的适应、准备工夫。如果孩子准备工夫充分,他就会满怀信心

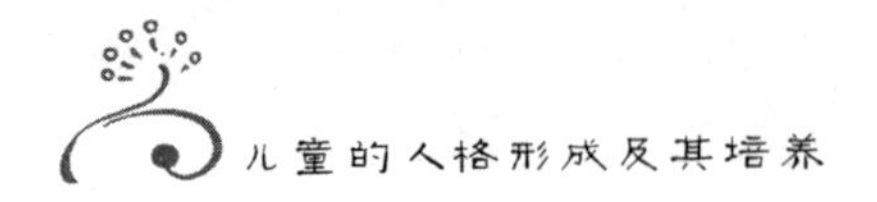

迎接新的环境。如果他的准备不充分，一种新的环境就会给他带来紧张，这种紧张又会导致他产生能力欠缺的感觉。这种能力欠缺的感觉左右了孩子对事情的判断，这样，孩子对事情做出的反应就不是客观准确的，他的反应并不符合客观处境对他的要求，因为他的反应并没有以社会感情为基础。换句话说，小孩在学校这一新的环境的失败不应归咎于学校制度，这应归咎于孩子没有得到应有的准备教育。

我们必须考察新的环境，这样做并不是因为我们相信新环境使孩子变坏，而是因为新环境更加清晰地暴露出小孩对新生活的准备欠缺。每一新的环境都可被视为对儿童的准备工夫的一种测试。

在这一方面，我们需要再讨论一下我们附在书后的问卷里的几点问题。

如问题一：小孩何时开始出现麻烦。马上我们就可以注意到那是换到新环境的时候。一个母亲说她的孩子在上学前还是好的。她实际上告诉了我们比她所知道得还要多的情况：孩子一下子适应不了学校的环境。如果母亲说孩子感觉不适，是“最近三年”的事情，她这样说并不充分，我们需要知道三年前孩子的处境发生了何种改变，或者他的身体遇到了什么变化。

孩子对自己失去信心的第一个迹象，通常是他无法适应学校生活。他刚开始的失败一般没有受到人们的重视，这对于小孩或许是一个灾难。我们要了解：孩子是否曾经因为学习成绩不好而经常受到父母的责打；孩子糟糕的成绩和受到的责打到底给他的追求优越感带来了什么样的影响。孩子或许会相信自己不会再有出息，尤其是父母习惯了对他说“你是不会有所作为的”，或者“你长大肯定要蹲监狱”之类的话。

一些孩子会受到失败的激励，但也有的孩子却经过失败以后一蹶不振。这些对自己和前途失去了信心的孩子应该得到人们的鼓励。应该温柔、耐心和宽容地对待他们。

贸然给儿童解释性方面的问题也会使孩子茫然失措。兄弟或姐妹的出色表现也可能妨碍孩子努力进取。

如果小孩对生活准备不足，那么，以前——也就是说在他面对新环境之前——他就已经表现出这些迹象吗？对此问题，我们从父母那里得到各种各样的回答。“小孩没有养成整齐清洁的习惯”——这意味着母亲经常为他做事；“他总是很腼腆害羞”——这意味着孩子对家里依恋很重。如果小孩被形容为孱弱，我们就可以假设他生来就有身体器官的虚弱或缺陷。因为虚弱，他就得到更多的宠爱；或者他可能长得丑陋而遭人忽视。这问题还涉及小孩是否有轻微弱智。小孩或许发育缓慢，以致人们会怀疑他头脑发育是否正常。就算以后他摆脱了这种状况，他仍会有受到父母过分宠爱或者呵护限制的感觉，这加深了孩子应付新环境的难度。如果父母说孩子表现得特别胆小而且丢三落四，我们可以肯定孩子想以此受到别人的注意。

教师的首要职责就是赢得孩子的好感和信任，他以此培养孩子的勇气。如果孩子动作显得笨拙，教师就必须了解孩子是否是一个左撇子。如果孩子的动作笨拙到了过分的地步，教师就要了解孩子是否完全明白自己的性别角色。在一个女性气氛浓厚的环境中长大的男孩，不喜欢和其他男孩一起玩耍，他们经常被视为女孩子，并为此受到同学的嘲笑。他们习惯了女孩子的角色，他们以后会经历相当激烈的内心冲突。对男女身体组织差异的无知会导致孩子相信他们可以改变性别。但他们会终于发现他

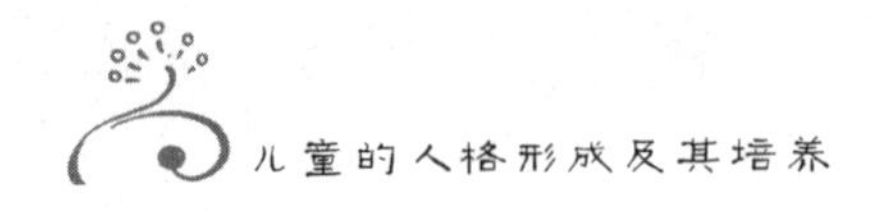

们的身体构造不可改变，作为对这一不足的弥补，他们形成心理上的异性特征。这种倾向反映在他们的服饰和举止上面。

一些女孩子憎恨女性的工作。主要的原因就是人们认为这些工作没有多大价值，这的确是我们文明的一个很大的失误。男性拥有某些女性没有的特权——这一传统仍然存在。我们的文明明显对男性有利，并且赞同男性认定的某些权利。男孩的诞生给家人带来的欢乐远比女孩多。这无论对儿子还是女儿都只能产生有害的影响。女孩很快就感受到了自卑感的刺痛，而男孩则背上了人们对他的期待的重负。女孩在成长过程中遇到诸多限制。有些国家，例如美国，这种限制已经不很明显，但在社会关系中，两性还没有达成平衡，甚至在美国也是这样。

孩子的心理折射了人类的精神状态。女孩子接受她们的女性角色就意味着承受许多的艰难困苦，这会不时招致女孩子的反抗。这种反抗会表现为桀骜不驯、顽固、怠倦——所有这些表现都跟她们追求优越感密切相关。当女孩子表现出这些迹象时，教师就要检查这女孩子是否对其性别感到不满。这种对自身性别的不满会扩大至生活的所有方面。这样，生活也就变成了一种负担。有时候，我们会听到孩子表示渴望移居到一个没有性别差异的星球。这种错误的想法会引致各种各样的荒谬行径。或者，她们变得感情冷漠，做出犯罪行为，甚至自杀。对此的惩罚和缺乏同情，只能加剧她们对自身有所欠缺的感觉。

我们可以避免这种不幸状况的出现。应该以自然得体的方式让女孩子了解到男女之间的差别，使她们懂得男孩和女孩同样的宝贵。在家里父亲通常看上去享有某种的优越地位。他似乎是个占有者，他定下规矩，他向妻子吩咐和解释具体的做法，然后由父亲做出决定。哥哥、弟弟也试图显示自己的优越感,用轻视和批评对待他们的姐妹,这使女孩子为自己的女性性别而烦恼。心理学认为,男孩子的这种行为源自他们的虚弱感。真有本事和好像有本事是大不一样的。

关于女人至今为止还没有能力做出伟大的业绩的议论是没有价值的。至今人们还没有把妇女往做大业绩的方向培养。男人把需要缝补的袜子塞到女人手里,并试图让女人相信这才是她们的工作。这种情况有所改变,但今天我们为女孩子准备将来所做的工作还没有显示出我们在期待她们做出非凡的事情。

一方面,我们帮助女孩子准备的工作有所欠缺,另一方面,又指责她们成就不大,这是看不到事情的前因后果所致。改进这种现状并不容易,因为不仅父亲们视男性所持的特权为合理,而且母亲们也这样认为。他们根据这种观念教育孩子:男性的权威是对的。这样,男孩子就要求女孩子服从他们,而女孩子长大以后,对男性所认定的权威和优越感抱有怨恨。如果这种怨恨足以使女孩子长大成人以后拒绝接受她们的女性性别,并且尽量地努力模仿男性——这在个体心理学被称为“对男性的抗议”。男女孩子的性别特征方面出现的问题,诸如发育畸形或者发育不全,经常会使孩子长大以后根据自己的生理发育状况,怀疑自己的性别(女孩子的身上出现了男性的特征,男孩子身上出现了女性特征)。他们有时候会对自己的想法深信不疑,其实,那些生理发育问题只是跟体质弱点有关。一个成年男子,如果身体构造稚嫩、发育不成熟,这很容易看得出来,但成年女子出现这种情况则不会那么明显。出现这种情况,就会引起人们议论,说这个男子有女性特征。这不是正确的看法,因为这种男子

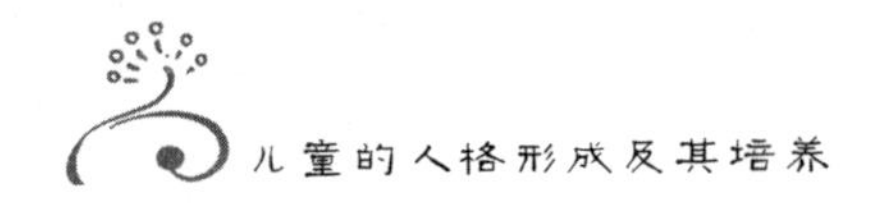

其实更像一个孩子。一个身体没有充分发育的男子会感到自卑痛苦，因为我们文明社会的理想模型是一个威武雄壮的男子汉，他要取得比女人更多的成就。而女子的发育不全，或者欠缺美态也会导致这个女子厌恶面对生活的问题，因为社会普遍把外在美过分看重。

一个人的脾性、感情被人们视为表现两性区别的第三级特征。生性敏感的男孩子被认为像女孩子；从容、自信的女孩子则被看做有男子气。这些性格特征不是天生的，它们都是后天获得的。不少成年人回想起自己在儿童期早期不同的性格特征，他们会说出这个事实：他们在孩提时，举止表现古怪、特别；他们内向、安静，或者行为举止和女孩或男孩无异——这视他们个人情况而定。他们后来按照对各自性别角色的理解成长起来了。问卷接下来的问题——孩子的性发育和性经验的情况——指的是在一定的年龄，孩子对性要有某种程度的理解。我敢说，起码90%的孩子，在父母或教师向他们解释性方面的问题时已经在老早以前就知道那些事情了。关于性教育，不可能定出硬性的规定，因为无法知道一个小孩对此的接受和相信程度；我们也无法预料这种对性的解释会产生什么样的效果。当小孩问及性的问题时，在给予他解释之前，应先考虑清楚这小孩当时的实际情形。我们不提倡太早跟孩子谈论这些问题，虽然太早的解释并不总会产生有害的效果。问卷里关于收养或者过继的孩子的问题比较棘手。这两类孩子把良好的待遇视为理所当然，而把一切苛刻、严厉归咎于他们独特的处境。有时候，一个失去了母亲的男孩会紧紧依附他的父亲。过了一段时间，父亲重新结婚，孩子感到自己被抛弃了，他拒绝和继母友好。有趣的是，有些孩子视他们的亲生父母为继父母，这当然包含了他们对他们的父母的尖刻批评和抱怨。因为那许多的神话故事——在这些故事中继父母都是歹毒的角色——的缘故，继父母背上了不好的名声。顺便说一下，神话故事并不是儿童的最佳读物。不可能完全禁止他们阅读这些东西，因为孩子从这些故事里面可以了解到人性。但对某些故事应该加上辅导性的评语，并且，应该防止孩子阅读那些含有歪曲的幻想和残忍的行为的故事。讲述强有力的人物做出残忍行为的童话故事，有时候被人们用来锻炼儿童读者和克服他们的温柔情感——这又是一个错误做法，它源自我们的英雄崇拜。孩子觉得表示同情不够男子汉气概。温柔的情感遭到嘲笑——这是令人费解的，因为温柔的情感如果不被误用，它无疑很有价值，虽然任何一种情感都有可能被误用。

私生子的处境尤为艰难。毋庸置疑，要一个女人和孩子独自忍受这种负担，而男人却自由自在，这是不公平的。为此付出最大代价的当然是孩子。无论人们怎样努力去帮助这些孩子，孩子们的痛苦还是无法避免，因为常识很快就告诉这些孩子，他们的境遇并不正常。他们遭受同伴的蔑视，或者，国家的法律也使他们的生存变得相当艰难。私生子的印记由法律烙在了他们的身上。因为他们自身的敏感，他们容易和人发生争吵，他们对这个世界形成一种敌视的态度，因为不论哪种语言，称呼他们的都是些丑陋、鄙视和侮辱的字眼。在问题孩子和罪犯中有很多的孤儿和私生子，其中原因实在是再明白不过了。把孤儿和私生子的这些孤僻、不合群的性格倾向视为天生或遗传，是根本行不通的。

第十章

孩子在学校

一个教育工作者，如果他相信他的工作具有教育的价值，相信教育就是培养性格，那他就不可能既接受遗传的理论，又不陷入自相矛盾之中。

个体心理学认为，没有不可救药的孩子，假如我们接受这一观点，那这些事情就可以避免发生。我们能找到帮助孩子的办法。无论情形怎样糟糕，也总会有办法可想，但这办法需要我们去发现。

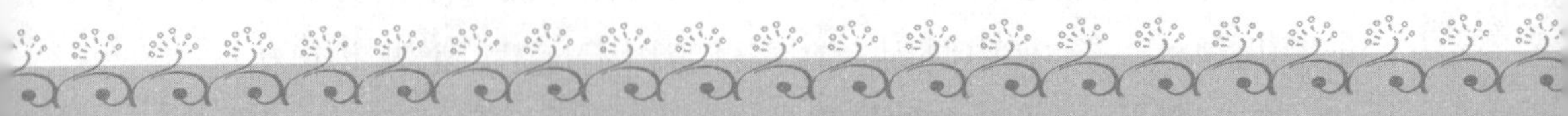

孩子进入学校，就意味着置身于一个全新的环境。如同所有的环境一样，学校可以检验出孩子是否得到足够的准备教育以应付新的环境。如果孩子训练有素，他就能够顺利通过这一关；反之，他欠缺训练的弱点就会在学校暴露无遗。

在小孩初进幼儿园和学校的时候，人们通常不会把小孩心理准备的情况做一记录。如果有这些记录，它们将会极大地帮助我们了解孩子成年以后的行为的含意。这种"新环境测试"比平常的学习成绩测验更能准确地告诉我们这个小孩的情况。

我们对初进校门的小孩有些什么样的要求呢？在学校学习，孩子需要跟老师和同学合作，他应该对所学习的科目产生兴趣。小孩对学校这一新的环境的适应程度反映出孩子与他人的合作能力，以及他感兴趣的范围。我们可以了解到他喜欢的科目、他是否对别人的说话感兴趣、他有没有感兴趣的东西。要核实这方面的情况，我们只需要留意孩子的言谈举止、手势眼神，

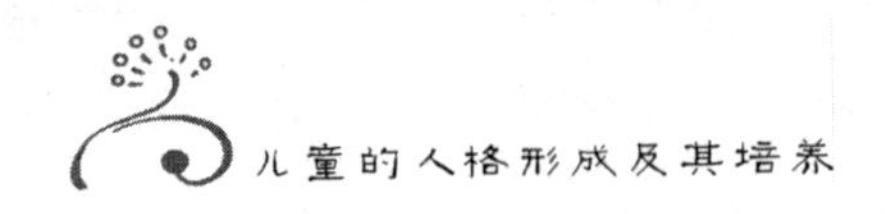

还有他倾听别人说话时的方式、他对教师是否友好，抑或他是否设法躲避教师等。

这些细节情形都会影响孩子的心理成长——我的一个病人就说明了这方面的情形。他找心理医生诊治是因为他无法适应各种职业。在回顾他的童年时，心理学家发现，他从小就在姐妹群中长大，并且，他出生不久父母就过世了。到了上学的时候，他不知道该报读女子学校还是男子学校。他被姐姐劝说进入了女子学校，但他只在那里待了很短的时间就被学校辞退了。不难想象这种事情会给孩子留下多么糟糕的印象。孩子能否集中精神学习主要取决于孩子对他的教师是否感兴趣。教师的技巧之一就是要使孩子能够专注起来。如果孩子无法集中精神或者心不在焉，教师应能够及时发现。很多孩子在初进学校时都缺乏专注的能力。他们一般都是在家里受到宠爱的孩子。他们在学校一下子被众多的陌生人弄得眼花缭乱。如果碰巧教师比较严厉，那孩子就会显得好像是记忆力不行。但学生记不住功课的原因并不是通常人们所认为的那么简单。因为记不住功课而受到教师指责的孩子往往对其他的东西却可以过目不忘。他甚至可以集中注意力——但那只是在他受到宠爱的家庭环境才行。他对别人满足自己的愿望非常留意，但对学校的功课则又是另一回事了。

这类孩子如果在学校难以适应，成绩不佳，考试又不及格，那么，批评或指责对他于事无补。批评和指责不会改变他的生活方式。相反，这样做只会使他相信，他在学校难有作为，他会因此形成一种悲观消极的态度。

但值得注意的是，一旦他们被教师争取过来，这些被宠惯了的孩子经常就会变得非常用功。只要对他们有好处,他们就能用功学习;不幸的是,我们无法确保这些孩子在学校总会得到足够的宠爱。小孩如果改换学校或者改换教师,甚至如果他在某一特别的学科(算术对于一个受到溺爱的孩子总是一门困难的科目)没有取得进步,他的成绩就会停滞不前。他无法勇往直前,因为他已习惯了别人帮他把各种事情都准备得轻松容易。他没有得到过丝毫的训练要去下苦工夫,他也不知道怎样去下苦工夫。他没有耐性面对困难和克服困难。

现在,我们终于明白了帮助孩子为学校学习做充足准备到底意味着什么。如果孩子的准备工夫很糟糕,我们就总能看到母亲在其中发挥的作用。我们知道母亲是第一个唤醒孩子兴趣的人,因此,在如何把孩子的兴趣导入健康的渠道方面,她负有关键的责任。如果她没有履行这个责任——情况经常是这样——造成的后果从孩子在学校的表现就可以看得出来。除了母亲的作用和影响,还有错综复杂的来自孩子家庭的各种影响。例如,父亲的影响、兄弟姐妹间的竞争(这些我们在其他章节已经进行过分析)等。最后,还有来自家庭以外的影响,如不良的社会环境和社会偏见,这些我们会在下一章详细讨论。

一句话,考虑到各种各样的因素——它们造成了孩子对学校环境的准备不足——如果我们只根据孩子的学习成绩来评判孩子,这种做法将是愚不可及的。我们应该把孩子在学校取得的学习成绩看做是这个孩子心理状态的反映。重要的不是孩子得到的分数,而是这些分数所告诉我们的有关这个孩子的智力、兴趣、专注能力等。孩子在学校的学业成绩,和诸如智力测试这类的科学测试没什么两样,尽管这两种测试的结构、内容并不相同。进行这两种测试时，注意力都应集中在测试所反映的孩子的精神发展状况，而不是那些记录下来的一大堆事实。

近年来，所谓的智力测试得到了很大的发展。教师相当重视智力测试的结果，有时候这是应该的，因为它们能够告诉我们很多一般的测试不能显示的东西。智力测试不时地帮了一些孩子的大忙：当一个男孩学习成绩很糟糕，教师也因此想安排他留级了，但他进行的一项智力测试却显示出他的智力其实不至于这个水平。结果，这个孩子非但没有留级，甚至还跳了级。孩子也感到自己的成功，从此表现得跟以往大不一样了。

我们不想贬低智力测试的作用，但我们必须强调，如果进行这种测试，无论父母还是小孩都不应该知道测试的结果。无论父母还是小孩都不知道这种智力测试的真正价值。他们认为测试的结果代表了一个最终的和完整的评定，以为这个孩子的命运由此而定了。这个孩子从此就受到了这个测试结果的限制和左右。而事实上，把智力测试的结果视为一种终极的结果的做法，备受人们的批评。在智力测试中取得较高分数，并不是对以后生活的保证，相反，取得成功的成年人当中，智力测试取得较低分数的不乏其人。

根据个体心理学家的经验，如果测试者摸索到正确的方法，初次测试的低分数可以在以后的测试中得到提高。办法之一就是让孩子琢磨某一特定类型的智力测试题。他会发现进行这种测试所需的技巧和他应做的准备。以这种方式，这个孩子就能积累经验，在以后的测试中，他就会取得更高的分数。

程式化的教学对孩子究竟产生什么样的效果，孩子是否受到了繁重的功课的压力——这是一个至关重要的问题。我们无意贬低学校安排的科目的价值,我们也不认为要减少学习的科目。当然,关键是把学生学习的科目连贯起来,这样会使学生懂得他们所学的科目的目的和这些科目的实际价值,而不会把它们视为完全抽象和纯理论性的东西。现在围绕这个问题展开讨论:我们应该传授孩子科目知识和事实,抑或着重培养孩子的人格。个体心理学认为,这两者可以同时兼顾。

正如我们已经说过的,孩子学习的科目应该饶有趣味,并且和实际生活直接相关。数学——算术和几何——应该结合某一座建筑物的结构和风格,结合能住进这一建筑物的人数等一并讲授。不少科目可以结合在一起教给学生。在一些先进的学校,有这方面的教学专家,他们懂得结合几个科目一起讲授。他们领孩子外出散步,了解学生们偏爱哪些科目,不喜欢的又是哪一些科目。他们把所要教的东西灵活调动起来,混合在一起。例如,在讲解植物时,把某种植物的知识和这一植物的历史、它所在国家的气候等联系起来讲解。这样不但刺激了学生的兴趣,还使本来乏味、枯燥的科目变得有声有色,让学生能以融会贯通的方法接触了解事物,这才是所有教育的最终目的。

孩子们在学校是处于一种个人竞争的环境。了解这一点很重要,这是显而易见的。在学校,一个理想的班级应该使每一位学生都感到自己是这个集体的一分子。教师应确保把孩子的好胜心和竞争意识控制在一定限度。孩子们不愿看到某些同学在学习上遥遥领先。他们要么是不惜代价追赶那些领先的同学,要么就陷入失望,带着主观的情绪看待事物。这就是为什么教师的引导和建议对于学生是那样重要的缘故,他能够一句话就把孩子的全力对抗竞争转化为相互合作。

在班里让学生们定下一套合适的学生自治计划，会帮助解决上面所说的问题。我们无须等到孩子们完全准备好怎样做，才订下自治计划。我们可以先让孩子们注意观察班里的情况，或者只是提出自己的建议。如果让孩子们不经准备地实行自治，我们就会发现他们在给予惩罚时比教师更加严厉和苛刻；他们甚至懂得运用权术为自己谋取好处和优越感。

在评估孩子们在学校所取得的进步时，我们既要考虑教师的意见，也要考虑孩子们的意见。有趣的是，孩子们在这一方面有着极佳的判断力。他们知道谁拼字最棒，谁绘画最好，谁运动最出色。他们很能互相给对方打分。有时候他们评价别人并不那么公正，但他们会意识到这一点，并且会试图铁面无私。最大的困难在于一些孩子的妄自菲薄，他们以为自己赶不上别人了。事实并非这样——他们可以迎头赶上！这种自我判断的错误应该给他们指出，否则，就会变成孩子固定不变的看法。带着这种想法的孩子不会取得进步，他们只能永远是原地踏步。

在学校，孩子成绩有最好、最差和平均水平的，这些孩子——他们占学校学生的绝大多数——几乎总是定格在大致的类别上。这种格局的出现与其说反映了孩子的智力发育情况，不如说反映了孩子的心理态度的静止惯性。这种迹象表明：孩子们局限了自己，经过几次挫折他们就不再抱乐观态度了。但学生成绩不时地会出现一些相对变动，这一事实很重要。它表明孩子的智力发展并不是命中注定、一成不变的。孩子们应该明了这个道理，并且能够把这道理具体应用到学习中去。

教师和学生都要摒弃这种迷信做法：把凡具有正常智力的孩子都可取得的成绩归之于遗传。或许儿童教育的一个最大谬误就是相信能力可以遗传。个体心理学刚刚指出这一观点时，人们认为那不过是我们的一种乐观的猜测而已，它并不是一种以科学为基础的观点。但现在越来越多的心理学家和病理学家正在接受这一观点。遗传的说法太容易被父母、教师和孩子用做替罪羊了。每当出现困难、需要人们做出努力去解决问题的时候，他们就搬出遗传原因来推卸责任。我们没有权利逃避我们的责任，我们也应该对任何旨在为自己开脱责任的观点打上问号。

一个教育工作者，如果他相信他的工作具有教育的价值，相信教育就是培养性格，那他就不可能既接受遗传的理论，又不陷入自相矛盾之中。我们在这里不谈身体的遗传。我们知道，身体器官的缺陷——甚至器官能力的差异——是可以遗传的。但身体器官的运作和人的精神能力之间有什么关系呢？在个体心理学，我们已经强调，精神也体验、分享着身体器官所具有的能力，并且，精神要顾及器官的实际能力。但有时候，精神过多地顾虑到器官的作用，器官的残疾使精神受到惊吓，以至于器官的毛病消除之后，精神的恐惧却还会持续很久。

人们喜欢究本寻源，喜欢寻求现象的成因，但我们在衡量一个人的成就时所应用的遗传观点却是误人子弟的。这种思维程序的常见错误是忽略了我们大部分的祖先，忘记了在家族世系图里，每一代都有父母两人。如果我们追溯我们的前五代人，我们就有了 64 位先人。在这 64 位先人里面，无疑可找到一个有聪明才智的人，这样，他的后人的能力就可以归功于他。如果追溯至前十代人，我们的先人就会有 4096 位。毫无疑问，我们可以在这些人里面起码找到一个出类拔萃的人。不要忘记，一个出色的人留给他的家族某种遗风，而这种遗风对家族后人的影响丝毫不亚于单纯遗传的作用。由此可见，为何有些家庭比别的家庭产生出更多的才智之士，原因不在于遗传。这是一个非常明显和简单的事实。回顾一下过去欧洲的情况吧，那时候，孩子们都被迫继承父亲的事业。如果我们忘记了当时这一社会制度的作用，那么，说明遗传作用的有关统计数字就会显得具有无比的说服力了。

除了遗传的观念，孩子们取得进步的最大障碍就是家长们因为孩子成绩不好而惩罚他们。如果孩子成绩不佳，他会感到老师不怎么喜欢他。他在学校为此而苦恼，回家后又遭到父母的责备，甚至有时还对他施以体罚。糟糕的成绩单会带给学生不良后果——对此教师应该心中有数。有些教师认为，如果学生必须把他的成绩单交给家长，那么学生自然就会学习加把劲，但他们忘记了学生的一些特殊家庭情况。某些家庭对小孩管教很严，这类家庭的孩子就会考虑是否把成绩单带回家里。接下来的后果就是他可能不回家，甚至有时候他会感到极度绝望而自杀。

教师对学校的制度不负有责任，但如果他们能以个人的同情和理解缓和一下这个制度的非人性和苛刻的一面，那就最好不过了。因此，教师要考虑到某个孩子的特殊情况，适当对他宽松一点，这样，会起到鼓励这个孩子的作用，而不是把他推向绝路。成绩不好的孩子会感到心情沉重和压抑。大家都知道他是班里最差的学生，最后，他自己也信以为真。如果我们能设身处地去考虑他们的情况，我们就会明白他们不喜欢上学的原因。他们这样做是合乎人性的。一个人要是在学校受到批评，学习成绩不好，并且没有赶上其他同学的希望，他当然不会喜欢学校，甚至会试图逃学。因此，对孩子逃学的行为我们不应感到心烦意乱。

虽然孩子出现这种情况我们不需要惊恐万状，但我们要清楚地意识到这种情况的含意。我们应该认识到这是一个糟糕的开始，尤其是当这种情况发生在孩子的青春期阶段。为求自保，这些孩子会涂改学校成绩报告甚至逃学等。他们会和同一类的学生混在一块，寻衅滋事，开始走上犯罪道路。

个体心理学认为，没有不可救药的孩子，假如我们接受这一观点，那这些事情就可以避免发生。我们能找到帮助孩子的办法。无论情形怎样糟糕，也总会有办法可想，但这办法需要我们去发现。

学生留级所带来的坏处几乎不需要我们多说。教师会同意，要学生留级重读会给学校和学生的家庭都带来问题。虽然情况并不总是如此，但例外的情形毕竟不多。留级重读的学生大多数不止一次地留级重读，他们的功课总是落在同学的后面。他们出现的问题由于人们的回避，始终没有得到解决。

在什么样的情况下才应该让学生重读——这是一个难度不小的问题。很多教师能够很好地避免这一问题发生。他们运用假期辅导孩子，他们找出孩子生活方式的错误，然后改正，这样，孩子就得以顺利升学了。如果我们在学校有专门的辅导教师，这种办法可以推广使用。我们有社会工作者和给孩子进行家教的教师，但欠缺这一类的补课教师。

在德国，没有教师上门进行家教的制度，情形好像是我们并不怎么需要这一类教师。在学校的任课教师对学生的了解可谓

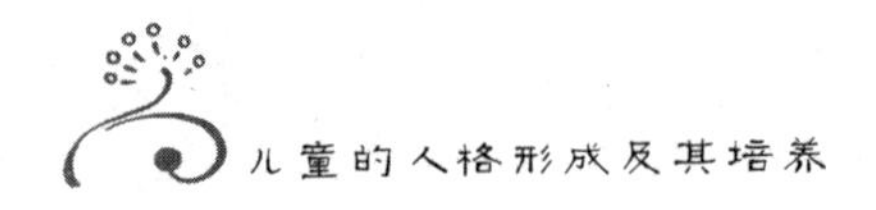

最为清楚。如果他懂得观察情况,他就会比别人更了解学生的实际情形。有些人说班主任不可能了解每一个学生,因为一个班有太多的学生。但如果教师从学生刚进校门时就密切留意他们,他就会很快了解到他们的生活方式,并且可以避免以后出现的许多困难。即使班里学生人数众多,这同样可以办得到。因人施教比不了解所教的学生更能取得教育的效果。一个班有太多学生肯定不是很好的事情,这种情况也应该尽量避免,但这个问题并不是没有办法克服。

从心理学的角度看,最好不要每年都变换学生的教师——在一些学校甚至每隔六个月就变换一次教师。最好能够做到教师陪伴学生进入新的学年。如果教师能陪伴学生们两年、三年,或四年的时间,这样对于各方都有好处。教师就可以有机会深入了解他教的所有学生,他就会知道并纠正他们各自生活方式方面存在的问题。

不少学生跳级学习。这样做到底有何好处值得商榷。跳级的学生通常满足不了由于跳级所带来的对自己的过高期望。跳级对于一个超龄的学生是可以考虑的。一个以前成绩不好但现在大大提高了成绩的学生也应该列入被考虑的一类。不应该把跳级作为对那些取得好成绩或者知识积累比别人要多的学生的一种奖励。学习成绩出色的孩子,如果把时间投入课外学习,例如绘画、音乐等,那对他更有好处。学习出色的孩子通过这样的方式学习到更多的东西——这对全班来说,不啻是一种激励。把班里最好的学生都抽走并非好事。有人认为我们应该提拔表现出色的学生,我们并不这样认为。我们相信出色的学生带动了全班的学生,为他们的成长起到一种促进作用。

仔细考察一下学校中的快、慢两种班会很有意思。在快班里面，有些学生其实智力很有问题，这是令人惊讶的；但慢班的学生却不是像人们所认为的那样呆头笨脑，他们不过是来自贫困的家庭。贫困家庭的孩子在学校有呆笨的名声，个中的因由是这些孩子欠缺对生活的准备工夫，这是不难明白的。这些家庭的父母要忙太多的事情，没有时间花在孩子身上；或者这些父母所受的教育不足以胜任教育他们的孩子。这些对生活欠缺心理准备的孩子不应被编在慢班。慢班对于孩子是一种不好的标志，孩子会为此受到同学的取笑。

照顾这些孩子的更好办法就是发挥辅导教师的作用，这我们已经谈过了。除了辅导教师，还需要有孩子俱乐部，在那里，孩子得到额外的辅导。他们可以做功课、玩游戏、阅读书籍等。这样，他们得以锻炼信心。但在慢班学习，他们体会更多的是沮丧和气馁。这些俱乐部，如果配以比我们现在所拥有的更多的游乐场地，就可以使孩子远离街道、远离那些不良的影响。

在讨论教育方式的时候，都会碰到男女同班的问题。原则上，我们赞同和推动男女同班。这是男孩女孩彼此增进了解的好方法。但男女同班可以任其发展的看法却是大谬不然的。男女同班牵涉到一些特别的问题，需要我们考虑处理，否则，带来的坏处就会多于好处。例如，人们一般都忽略这个事实：女孩在 16 岁以前比男孩要发育成长得快，如果男孩子没有意识到这一点，他们看到女孩远远地走在前面，就会失去心理平衡，他们就会与女同学进行一场毫无意义的竞赛。校方和教师对这些情况要考虑周详。

如果教师喜欢男女同班这一形式，同时他又明白注意这里

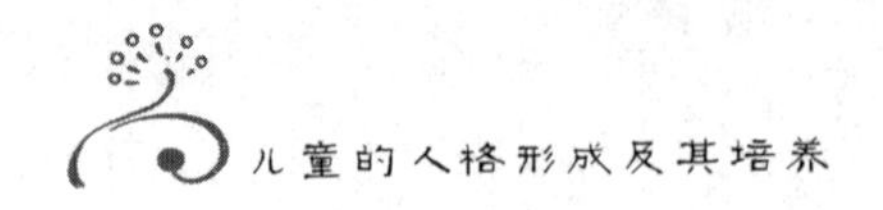

面所牵涉的问题，那么，他就会取得男女混教的成功。但如果教师不喜欢男女同班这一体制，并感到这是一种负担，那他就只能以失败告终。

如果男女同校的制度管理不善，对孩子们又欠缺引导，那当然就会产生性的问题。在下一章我们将更详细地讨论性的问题。这里需要指出的是，如何在学校对孩子进行性教育是一个极其复杂的问题。事实上，学校并不是传授性知识的合适场所，因为当着全班学生的面讲述这些事的时候，教师并不知道学生的个别反应。如果孩子私下请教这些问题，情况就有所不同。如果女孩子询问有关这方面的事实，教师应该给予正确的回答。

我们偏离了正题——讨论了一番多少属于学校教务安排的问题——现在我们回到教学的核心问题。我们不妨说通过了解学生的兴趣和发现他们擅长的科目，我们就可以知道应该如何对他们施教了。成功会令人继续成功。教育如此，人生的其他方面何尝不是这样。孩子对某一个科目感兴趣，并且在这个科目取得成功，他就会受到鼓舞，乘胜前进，学好其他科目。教师要利用孩子们取得的成功以激励他们追求更深的学问。学生本人并不清楚这个过程和做法，他不知道如何努力，我们所有人从无知迈向有知都会遇到这一情况。但是教师知道该怎么做，如果教育得法，他就会发现学生会理解并给予合作。

关于找出孩子感兴趣的科目的讨论，同样适用于发现孩子擅长的感觉器官。我们要了解孩子最擅长运用的感觉器官和他所属于的感觉类型。不少孩子在视觉方面受到了更好的开发、训练，另一些孩子则在听觉或者身体运动等方面得到过更好的培养。近年来，称之为锻炼手工操作的学校大行其道，这些学校奉行这一正确原则：把课本讲授和对眼、耳、手的训练结合起来进行。这些学校的成功表明充分利用孩子们对物质事物的兴趣是多么重要。

如果教师发现一个孩子属于视觉型，他就应该清楚，这孩子在那些需应用他的视觉的科目，例如地理学，会更为得心应手。那么在听课的时候，孩子如能更多地运用他的眼睛，而不是他的耳朵，他就会取得更好的效果。这只是一个例子，说明教师应该观察孩子的个别之处。教师初次观察孩子，就可以有很多类似发现。

一句话，一个理想的教师负有一种神圣和激动人心的责任。他铸造孩子的心灵，人类的前途也掌握在他的手里。

但我们如何才能从理想过渡到现实？仅仅构思理想的教育是不够的。我们要找到一种实现理想的办法。很久以前在维也纳，笔者就开始寻找这样的一种办法，这导致后来在学校成立了孩子咨询和辅导诊所。[①]

这些诊所的目的就是把现代心理学的知识运用于教育制度。某一天，一个能干的心理学家——他不但懂得心理学，他对教师、父母的实际情形也有相当了解——到校给教师举行咨询活动。这一天，教师们聚在一起，他们谈论各自遇到的问题孩子。这些孩子懒惰、扰乱课堂纪律，或者偷窃他人物品等。每个教师都具体描述他碰到的情形，然后由心理学家提供心理学知识和他的具体经验。讨论也就开始了。讨论涉及出现这些情况的原因，情况的发展形成的道理和今后该做的工作等。小孩的

① 详见《儿童指导》，阿德勒及其助手著，格林伯格书局，纽约。该书详细讲述这类儿童咨询和辅导诊所的历史，心理学家指导孩子所运用的技巧和他们取得的结果。——原注

家庭生活及孩子本人的整个心理发展都得到逐一分析。最后综合各人的见解,大家得到了帮助孩子的具体做法。

小孩和他的母亲会出席第二次咨询。确定了跟孩子母亲做工作的具体方式以后,就首先跟母亲商谈。母亲先听取孩子遭遇挫折的原因解释,然后她讲述了小孩的情况。接下来母亲和心理学家讨论。一般来说,别人关心她的孩子,母亲对此会很高兴,她也愿意合作。但如果这个母亲的态度不友好并显示出敌意,那么教师或心理学家就要转而谈论类似的孩子的情形,直到她的抵触情绪被化解。

最后,商定了说服教育孩子的方式以后,教师和心理学家就和小孩见面了。心理学家跟他攀谈,但绝口不提他的不足的地方。心理学家就像在课堂授课,他以这小孩能够把握的方式,客观地分析孩子遇到的问题,以及问题的成因,导致他遭受挫折的想法、见解等。心理学家帮助小孩了解清楚自己的心理现状——为何他总感觉受到委屈,而其他人都得到喜爱,为何他对成功已经不抱希望等等。

这种咨询方法进行了差不多 15 年,受到这方面训练的教师感到很满意,他们并不想扔下他们已坚持了 4 年、6 年或者 8 年的工作。

孩子们则通过这种咨询得到双重的收益。原来的问题孩子恢复了心理健康——他们学会了与人合作和勇敢精神。其他的不曾进行过心理咨询的孩子也得到了收益。当班里个别学生出现了某种隐藏的问题,教师会提议孩子们对此展开讨论。当然教师会引导讨论,孩子们参与其中,有充分的机会各抒己见。

例如,在课堂里有个别学生有懒惰表现。同学们七嘴八舌地分析讨论这一现象的成因。最后,他们会得出结论。班里的懒惰孩子,虽然并不知道他就是讨论的话题,但仍然从众人的讨论中获益不少。

上面大致的描述显示了把心理学和教育结合在一起所能发挥的作用。心理学和教育是同一现实和同一问题的两面。要指引心灵就要知道心灵运作的原理,而了解心灵和它的运作原理的人就可以运用他的知识把心灵导向更高、更恒久的目标。

第十一章

外在环境对孩子的影响

负有教育职责的人或者教师都不应把自己视为孩子的唯一教育者。外在环境的影响源源不断地冲击着孩子的心灵，直接或间接地塑造着孩子——间接的意思就是：外在环境影响了孩子父母的心理，使他们形成某种心态，而父母的心态又影响了他们的孩子。这些情况都无法避免，所以，我们必须把它们纳入考虑之中。

个体心理学在心理和教育方面视野广阔，它还不至于忽略考虑外在环境对孩子的影响。过去的那种内省型心理学范围太过狭窄，为研究这种心理学所遗漏的东西，伍恩特[①]觉得有必要创造一种新的科学——社会心理学。但个体心理学却不需要这样做，因为个体心理学同时研究个体的心理和社会的心理。它既不会专注于个体的心灵，以致把刺激心灵的环境置之度外，也不会只注意环境的影响而不加考虑独特心灵对于环境的特殊感受。

负有教育职责的人或者教师都不应把自己视为孩子的唯一教育者。外在环境的影响源源不断地冲击着孩子的心灵，直接或间接地塑造着孩子——间接的意思就是：外在环境影响了孩子父母的心理，使他们形成某种心态，而父母的心态又影响了他们的孩子。这些情况都无法避免，所以，我们必须把它们纳入考

① 德国实验心理学家(1832—1920)。——译者注

虑之中。

首先,教育者需要考虑人的外在的经济环境。例如,我们必须记住,有些家庭,世世代代都生活在经济窘迫之中,他们困苦、悲哀地维持着入不敷出的生活。他们深受一种悲哀、怨恨情绪的影响,他们不可能帮助他们的孩子对生活培养出一种健康和合作的态度。他们的心态饱受生活的压抑,对生活的恐慌决定了他们缺乏相互合作的态度。

另外,我们不能忘记,长期处于半饥饿状态的生活,或者恶劣的经济状况,对父母及孩子的生理都会产生影响,生理又会转而影响心理。这从战后欧洲出生的孩子的情况可以看出。他们和前一辈人相比,更难顺利成长。除了经济环境以及这种环境对孩子成长的影响,还有父母对孩子生理卫生的无知。这种无知是和父母腼腆、溺爱的态度连在一起的。父母溺爱孩子,担心他们受苦,然而父母有时候却又粗心大意,例如,他们想当然地认为弯曲的脊骨会随着孩子长大逐渐复原。他们没有及时请医生诊治孩子。这当然是无知的错误,尤其是大城市并不缺乏医疗服务设施。身体状况不好如不及时照看,就会发展成严重和危险的疾病,而这些疾病会给孩子留下心理阴影。疾病总是孩子的一道心理"难关",它给孩子带来不良的心理影响,应该尽量防止孩子生病。

如果这些心理难关难以避免,那么,应付的办法不外是培养孩子勇敢的态度和增强他们的社会感情。事实上,可以这样说,一个社会感情不强的孩子才会在心理上受到病魔的影响。如果这个孩子感觉到自已和周围人群紧密相连,那他就不会像被宠坏的孩子那样深受病魔的摧残。

我们有关孩子的个案通常显示出，得过百日咳、脑炎、舞蹈病等疾病的孩子，心理都会出现问题。人们以为这些疾病造成孩子的心理障碍，但事实上，疾病只是诱发了孩子隐藏的性格缺陷。在患病期间，小孩感受到了他的权力，他发现他控制、左右着家人。他看到父母脸上的担忧和恐惧，他知道这都是因为他的缘故。病愈后，他想继续得到众人的注视、关心。为此目的，他以花样繁多的要求来摆布父母。当然，那些没有接受过社会感情训练的孩子才出现这种情况——这种孩子从不会放过任何机会去表现自我。

但有趣的是，疾病有时候却会给孩子带来性格的改变。一名教师的次子就提供了这方面的例子。这个教师很为他的儿子担忧，却又束手无策。儿子不时地离家出走，他在班里是最差的学生。一天，就在父亲要把他送到改造所的时候，他被发现患了忧郁性肺结核。这要求父母对病孩长时间地悉心照顾。当小孩最后痊愈时，他变成了家里最乖的孩子。这小孩需要的就是父母特别的关心。他在患病期间得到了这种关心。他以前不听话是因为他总感觉到生活在哥哥的阴影之中。因为他没有像哥哥那样受到家人的喜欢，所以他就持续地和哥哥争斗。但患病后他终于相信：他也能像哥哥那样受到家人的喜欢，他因此学会了要表现良好。

但需要注意的是，孩子经历过的疾病会在他们的记忆中留下不可磨灭的印象。孩子们对威胁生命的疾病和死亡感到震惊。留在他们心灵上的印记以后才会显示出来，因为我们发现许多人由此对疾病和死亡发生了兴趣。他们当中的一部分人找到了应用他们兴趣的好办法——他们或许成为医生或者护士，但更多的人却从此担惊受怕,疾病的影子在他们的脑中挥之不去,严重地妨碍了他们从事的工作。通过检查上百个女孩的经历,我们发现,几乎50%的女孩承认她们生活中的最大恐惧就是疾病和死亡。

父母要小心避免小孩过深地受到他们童年时期的患病的影响。父母应该让孩子了解关于疾病的知识,好让他们有所准备,这样,就避免他们受到突如其来的打击。他们应该让孩子得到这个印象:人的生命是有限的,重要的是过得有意义。

孩子生活的另一个“难关”是跟陌生人或者家庭的朋友的接触。孩子跟这些人的接触会造成孩子的失误,因为这些人对孩子并不是真正感兴趣。他们喜欢逗小孩玩,在最短的时间讨得他们的欢心;他们夸张地称赞孩子,并因此使孩子变得自负起来。他们在和孩子相处的短暂时间里,对孩子纵容、宠爱。这样做给孩子的教育者带来麻烦,这些事情都应该避免。不应让陌生人干扰了父母对孩子的教育工作。

另外,陌生人通常弄错了孩子的性别,把小男孩说成是“漂亮的女孩子”,或者相反。这也同样需要避免,理由我们将在孩子的青春期一章里讨论。

家庭环境当然是重要的,因为孩子由此看到了家庭参与社会生活的情况。换句话说,孩子从家庭环境获得了有关人与人之间共同合作的第一印象。在孤独不与人交往的家庭中长大起来的孩子会把家人和外人划分得一清二楚,在他们看来,家庭与外在世界之间存在着巨大的鸿沟。这样,这种孩子以敌意的目光注视外在世界也就是顺理成章的事情了。与别人素无来往的家庭生活无从增进社会关系,它使孩子变得疑心很重,他们在交往中只会想着谋取自己的好处。这样，孩子与他人的社会感情就无从培养了。

小孩到了 3 岁，就得安排他们和其他孩子一道玩耍，使他们不至于惧怕生人。否则，以后孩子与人交往时就会变得局促不安、脸红，对自己的一举一动都敏感异常，并且对他人会产生敌视态度。通常那些被宠坏的孩子才会有这种特征。这些孩子总想着“排挤”他人。

如果父母较早就注意矫正这些特征，那么，孩子以后长大成人就可免去很多麻烦。如果一个孩子在头三四年里受到良好的培养——和其他孩子共同游戏、参与集体活动——他就不会变得腼腆和以自我为中心。孤身独处的孩子才会有精神错乱和神经病症——这种人对他人不感兴趣，无法与他人合作。

谈到家庭环境这一话题，我们必须提及由于家庭经济状况发生变化而给小孩的成长所带来的困难。如果家庭原先是富足的——尤其当时小孩正年幼——后来经济恶化，那处境就变得明显不妙。这种情况对于饱受宠爱的孩子来说最难应付，因为他从没有做过这方面的准备。现在，他不再像从前那样受到许多关注。他会深切痛惜、怀念过去的好处。

如果家境突然变得富裕，也同样为孩子的成长带来困难。父母对怎样合理运用金钱准备不足，他们尤其在对孩子的问题上犯错。他们想办法让孩子过得好，想纵容他们，因为他们知道现在用不着再吝惜什么了，结果在暴富之家往往出现问题孩子。

如果适宜地训练孩子的合作精神和合作能力，类似上述的困难和不良后果就能避免。在上述的各种情形，孩子们轻易地逃避了锻炼他们合作精神的机会。这些情况我们要特别留意。

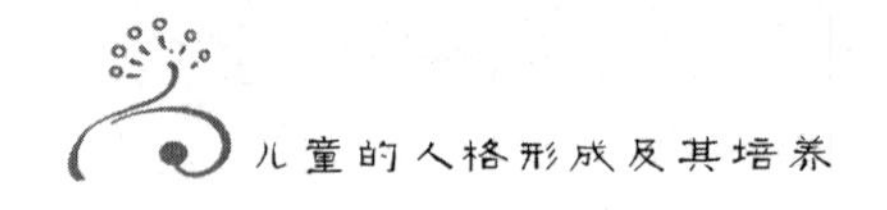

孩子不但受到环境变化的影响,例如贫穷或者暴富,还会受到不正常的心理气氛环境的影响——这里指的是由于家庭的原因而引起别人的另眼相看。别人的偏见歧视是由孩子家庭中某人的行为招致的。例如,父母做了一些在社会上丢人现眼的事情。在这种情况下,孩子的心灵就会受到很大打击,就会带着惊恐不安的心情面对将来。他会躲避伙伴,害怕被人发现父母是谁。

父母的责任不仅在于教育孩子读书、写字和计算,他们还得为孩子以后的成长打下一个适宜的心理基础。这样,他就不会比其他孩子承受更大的困难。因此,如果一个父亲是酒鬼,或者脾气暴烈,他就要记住这些都会影响他的孩子成长。如果父母的婚姻并不幸福,如果夫妇经常吵架,为此付出代价的是孩子。

这些孩提的经历会长留在孩子的心灵里,他不会轻易地忘记它们。当然,如果孩子学会了与他人合作,他就能够消除这些影响。但孩子碰到的这些情况却又恰恰妨碍他学会与人合作。这就是为什么近年来兴起这样一种潮流:在学校设立以指导孩子为目的的咨询诊所。如果父母因某种原因没有履行好他们的职责,那受过特别心理训练的教师就要接手这一工作,指导孩子踏上健康之路。

除了由于个人情况而招致别人的偏见以外,还有因为国籍、种族和宗教等原因而招来的不好看法。这些不良的偏见不仅影响了受此侮辱的孩子,还有其他人,甚至侮辱别人的人也会受到影响。后者变得傲慢、自负,相信自己属于优越的阶层,为了活得符合他们为自己定下的目标,他们也会只能以失败告终。

民族之间和种族之间的偏见当然是战争的基本原因——如

果要挽救人类的进步和文明，这些酿成人类大祸的偏见必须摒弃。教师的责任就是把战争的真实面目表现出来，不要让孩子通过舞刀弄枪得到一个廉价、便利的机会去追求优越感。这不是为以后的文明生活应做的准备。很多的孩子长大以后投身军旅是因为他们幼时接受军训的结果，但除了这些孩子，还有无数更多的人因为小时候进行厮杀战斗的游戏，到长大以后心理变得残缺不全。他们变得好勇斗狠，始终无法学会与人相处的艺术。

在向孩子派送玩具的节日，如圣诞节，父母应该慎重挑选送给孩子的玩具。父母应该杜绝刀枪武器一类的玩具，还有那些歌颂战争英雄和打仗事迹一类的书籍。

至于挑选何种玩具为适宜，本有很多可说的。原则上我们应该挑选能在玩耍中启发孩子的合作精神和刺激他们的创造力的一类玩具。可以想见，孩子进行活动脑筋、动手制作的游戏比玩弄现成的玩具——诸如布娃娃、玩具狗——更有意义。顺便说一下，孩子不应把动物视为一种玩具，应该教育孩子把动物视为人类的伙伴。他不应惧怕动物，也不应对其任意使唤或者残忍虐待。虐待动物的孩子，可能怀有控制或者欺负弱小者的欲望。如果家里有鸟、狗、猫等动物，应教育孩子：这些动物能够像人一样地感受苦痛。学会与动物相处是孩子的一个准备阶段，这利于他学会与人进行社会合作。

孩子平时总会接触到他的一些亲戚，首先是祖父母。我们必须以一种客观的态度审视这些祖父母的处境与命运。在当今社会，祖父母的处境至为悲哀。本来。随着年龄的增长，人们理应不断开拓、充实自己，应该有更多的活动余地，培养出更广泛的兴趣。但在当今社会,情况却与此恰恰相反。老年人感觉到被人抛弃或者被人赶到一边去了。这是很可惜的事情,因为这些老人还可以有所作为,如果他们能有更多的机会工作和追求,他们会感觉幸福得多。我们不应建议到了六七十岁,甚至80岁的人因此退休。一个人继续从事他的事业,比起从此改变他的整个生活计划要容易得多。但由于错误的社会习惯,人们还在充满活力的时候,就被束之高阁。他们再也没有表现自我的机会。这样造成什么后果呢?老年人遭到的错误对待会殃及我们的孩子。祖父母的处境迫使他们去证明他们还有活力,他们还有用——本来这点根本就用不着去证明。在试图证明这一点时,他们影响了孩子的教育。他们对孩子宠爱、呵护备至——以这种灾难性的方式,他们试图证明他们仍然懂得怎样抚养、教育孩子。

我们应该避免伤害这些善良的老人家的感情。他们应该得到更多的活动机会,但我们也应该让他们知道孩子需要独立长大成人,孩子不应成为任何人的宠物。他们不应被牵涉进家庭的纠纷里面去。如果老人和孩子的父母发生争论,他们之间尽可以唇枪舌剑一番,但老人不应试图把孩子拉到他们那边去。

在研究心理病患者的生活经历时,我们通常发现他们在小时候都得到过祖父或祖母的宠爱!我们马上就可以明白这个事实妨碍了他们儿时的成长。老人对孩子的这种宠爱要么意味着纵容放任,要么意味着挑起孩子间的竞争和勾起他们的嫉妒情绪。很多的小孩会对自己说:“爷爷最喜欢我!”一旦他们得不到别人的宠爱,他们就感到受了委屈。

其他会影响孩子成长的亲戚还有:孩子“了不起”的表兄弟

姐妹。他们给孩子带来不少麻烦。很多时候他们不但了不起，而且人又长得很漂亮。人们跟孩子谈起他的长得好看的表兄弟或表姐妹时，孩子会感受到苦恼——这是不难想象的。如果这个孩子具有相当的勇气或者社会意识，他就会明白大人们所说的"了不起"只不过意味着一个孩子得到了更好的训练和准备。这样，他就会找到迎头赶上的办法。但如果这个孩子相信——这种情形经常发生——很多的人生来就聪明、了不起，而他的表兄弟姐妹表现出色是因为受到大自然的赐予，那么，他就会自惭形秽，感到命运对他不公。这样，他的整个成长都会因此受到障碍。至于身体美，这当然是大自然的馈赠，但它的价值却总是被我们的文明社会夸大了。每当小孩想到自己的长相不如别人，心里就不好受——如果出现这种情况，那么，他的生活方式也会因此出现错误。甚至过了20年，人们还会强烈地记得儿时对英俊潇洒的表兄弟的羡慕之情。

为消除这种注重人的外表美所造成的伤害，我们应该教育孩子，健康和与人相处的能力比外表美更加重要。身体美有其价值，外表帅气总比相貌丑陋更符合我们的心愿——这是不用多说的。但如果要合理地安排事物，那么，一种价值就不能够单独和其他的价值分离，并被奉为至高无上的目标。我们对身体美应作如是观。一个人徒具外表美并不足以保证他享有一种理性和愉快的生活，这可从这一事实得到证明：作奸犯科的孩子当中除了不少人样貌丑陋以外，也不乏英俊帅气的人。这些长得一表人才的孩子何以走上犯罪道路是不难理解的。他们知道自己长得招人喜欢，他们以为可以从此不劳而获。所以，他们对人生准备不足。随着时间的推移，他们发现不经过努力就无法

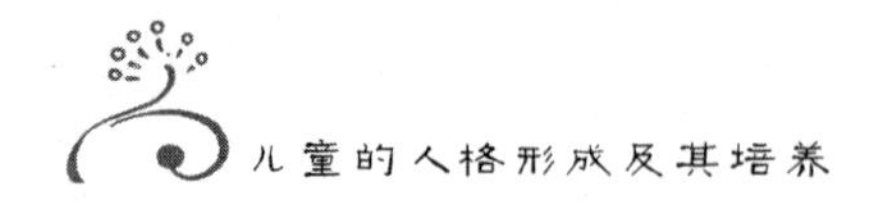

解决他们遭遇的问题。这样,他们就选择了一条最轻松容易的路途。正如诗人维吉尔说的,“下地狱之路轻松容易”……

在这里我们简单谈谈孩子们的读物。应该让孩子阅读些什么样的书籍?童话故事应该怎样处理?像《圣经》这样的书应如何阅读理解?在这个问题上,人们常常忽略了这一点:孩子们理解事物的方式和成人迥然有别,他们根据自己的独特意趣去把握事物。如果他是一个生性腼腆的孩子,他就会在《圣经》及童话里面找到赞赏他这一性格特征的故事,他以后就更加胆小害怕。对童话故事和《圣经》的段落需要加上评语和阐释,这样,孩子才能领会故事的原意,否则,孩子从这些读物里面读到的只是他个人的主观臆想。

当然,童话故事是孩子喜爱的读物——甚至成年人也能从阅读它们得到教益。但我们需要注意作品由于过去特定的年代和特定的地点而形成的距今的差异。孩子们很少懂得不同年代和不同文化的差异之处。他们阅读的是那些在一个完全不同的年代写作而成的故事,但他们不会考虑到人们在世界观上的改变。童话故事里面总有一个王子,这个王子总受到赞赏和美化,他的整个性格是以诱人的笔触描画而成的。故事中描述的情形当然是子虚乌有,但它们代表了一种文学上的美化和理想化,在某个需要对君王顶礼膜拜的时代,这是适宜的做法。应该让孩子们对这些事情有所了解,应该让他们知道这些神奇故事的背后是人为的杜撰,否则,他们长大以后就会总是寻找不费力气摆脱困境的捷径,情形就像某一个12岁的男孩。别人问他想成为什么,他说:“我想做一个会施魔法的魔幻师。”

如果加上合适的评论，童话故事可以成为培养孩子合作精神和开阔他们眼界的工具。至于电影，家长带不满周岁的孩子进电影院不会有问题，但年纪稍大的孩子经常会误解电影的内容。甚至童话剧的含意也会被孩子误解。某个4岁大的孩子在剧院看到过一出童话剧，多年以后，他仍然相信在这世界上有出售带毒的苹果的女人①。很多孩子无法正确地把握电影的主题，或者，他们对事情做出仓促、笼统的概括。父母有必要向孩子解释清楚，让他们对事情有一个正确的理解。

孩子应避免接触报纸这一外在影响。报纸为成人而设。它们并不反映孩子的视角和观点。在某些地区也有专门的儿童报纸，这是好事情。但普通报纸给没有做好准备的孩子带来的是对生活的一种歪曲的看法。孩子会相信我们的生活充满了谋杀、犯罪和天灾人祸。对于年幼的孩子们，阅读事故、横祸的报道令人沮丧。我们从成人的口中可以得知他们在小时候多么害怕火灾的发生，幼时的这种恐惧始终纠缠着他们的头脑。

这些例子只构成了外在环境影响的一小部分，但它们是最重要的一部分，它们说明了这个问题的大致原理。父母和教师在教育孩子的过程中，一定要考虑到这些外来的影响。心理学家必须不厌其烦地重弹“社会感情”和“勇气”的老调。社会感情和勇气同样能解决这里所说的问题。

① 详见儿童故事《白雪公主》。——译者注

第十二章

青春期和性教育

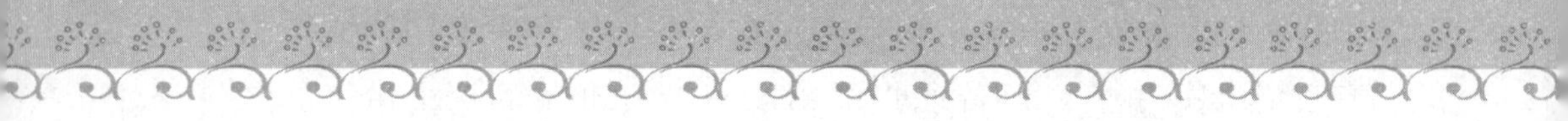

个体心理学认为，青春期只是每人必经的一个成长发育的阶段。我们不相信成长中的某一阶段或者某种处境会改变一个人。但这个阶段是又一种新的处境，它是对人的一种测试，它把一个人在过去形成的性格特征暴露出来。

关于孩子青春期的书籍汗牛充栋。孩子的青春期确实是一个重要的话题，但它的重要性和大众所认为的重要性，两者并不在同一层面。青春期的孩子表现并不雷同，这时期的孩子表现得各式各样：有勤勉上进的，也有举止笨拙的；有穿戴整齐清洁的，也有邋里邋遢的；凡此种种，不一而足。同样，一些成年人甚至老年人举止神态就像青春期的孩子。个体心理学认为这种现象并不奇怪。它只意味着这些成年人在其成长中的某一阶段停止了成长。事实上，个体心理学认为，青春期只是每人必经的一个成长发育的阶段。我们不相信成长中的某一阶段或者某种处境会改变一个人。但这个阶段是又一种新的处境，它是对人的一种测试，它把一个人在过去形成的性格特征暴露出来。

例如，一个孩子在儿童时期受到严格的管教，他并不曾体会过自己的力量，也不曾表达过自己的喜怒哀乐；到了青春期，他的身体在生理上、心理上都迅速发育成长。到了这个时候，这孩子就会表现得犹如挣脱了身上的枷锁。他迅速长大成人,他的人格也稳步发展。但有些孩子却与此相反,他们在青春期却开始停顿下来,回首依恋他们的过去。在留恋过去的时候,他们也就找不到继续成长的路向。他们对生活不感兴趣,变得性格内向。这种情况非但没有显示他们以前受到抑制的能量在青春期得到了宣泄,相反,这迹象表明这些孩子由于在以前受到父母的溺爱,他们没有得到足够的训练以应付生活。

在青春期,较之以前的任何时候。我们更能看出一个人的生活方式。理由当然是青春期比儿童期更加接近生活的前沿。我们在青春期可以更好地看出一个人对科学持有的态度,他对人是否友好,能否和他人相处以及对社会、他人是否感兴趣。

有时候,孩子这种对社会、他人的兴趣,会以一种夸张的方式表现。因此,有些青春期的孩子表现得失了方寸,他们一心只想着为他人牺牲自己的利益。他们对社会做出过度的调节,这样做会妨碍他们的成长。我们知道,如果一个人真的想对他人发生兴趣,想为社会和人们的共同目标工作,那么,他首先必须把自己的事情做好。他必须先有可供给予的东西,如果这给予真能意味着什么的话。

但很多年龄在14～20岁之间的年轻人,不知道如何保持与他人的社会交往。14岁的时候他们离开了学校,同时也失去了与过去同学的联系。而建立新的关系则需要很长的时间。在这一段时间他们感觉到全然的孤独。

接下来要考虑的是职业问题。在这方面,一个人对待职业的态度——这本由这个人的生活方式所决定——就会表现出来。一些年轻人开始变得独立自主,工作出色。他们健康地成长。但另一些人在青春期却停止了成长。他们找不到适合自己的职业，他们不停地变换——要么变换工作，要么变换学校，等等。又或者，他们无所事事，根本不愿意工作。

出现的这些问题不是青春期造成的，这些问题只是在这一时期才清楚地显现出来——这些问题在这之前就已经酝酿而成。如果我们真正对某个小孩有所了解，那么，我们就能够预测到他到了青春期会如何表现——在青春期他有机会更加独立地表达自己，在这之前，他却处处受到别人的看护和限制。

我们现在谈谈生活的第三个根本问题：爱情和婚姻。青春期的青年人对这问题的回答会告诉我们有关他的人格的什么情况呢？青春期和在此之前的时期一脉相承。在青春期，孩子那更加活跃和强烈的心理活动决定了他的答案比起以前更加清楚、干脆。一些年轻人很清楚他们在这问题上将做如何表现。他们对于爱情的问题要么表现出浪漫的态度，要么就是勇气十足。无论怎样，他们对异性开始形成自己的一套行为规范。

一些孩子却与上述的孩子恰恰相反，他们处在另一个极端——在异性的问题上他们表现得异常腼腆害羞。在更接近实际生活的时刻，他们充分暴露了他们准备工夫的不足。观察一个人在青春期的人格表现，可以使我们更可靠地判断出他在将来的生活行为。如果要扭转孩子的将来，此时该做什么我们就已经心中有数了。

如果一个青春期的孩子对异性表现出否定的态度，那么，回顾他以前的生活，我们就可以发现他或许是个好斗的孩子。可能别的孩子获得宠爱，他为此感受过压抑。事情发展的结果就是他相信现在应该勇敢、强硬地走出来；他应摆出一副傲慢的派头，拒绝一切诉诸情感的事情。因此，他对性的态度也就是他儿时经历的反映。

青春期的孩子经常渴望离开家里。这可能是因为这孩子从来就不满意自己的家庭状况，现在他渴望有机会断绝跟家里的联系。他不想再接受家里的资助，虽然父母继续为他提供资助对他和父母都有好处。否则，如果孩子的情况出现不妙，孩子就会以缺乏父母的资助作为他失败的借口。

那些一直住在家里，但利用每一个机会外出过夜的孩子也表现出这同样的离家愿望。不过，这种愿望在这种孩子身上表现得稍弱一点。晚间外出寻欢作乐，当然要比待在家里更吸引人。孩子的这种做法也就是对家庭的一个秘而不宣的指控。这迹象表明孩子在家里感觉不到自由，他处处受到父母的监护和看管。因此，他从来没有机会去表达自己和发现自己的错误。青春期是这类孩子开始往这一方向发展的危险时期。

在青春期，孩子会比以往更加强烈地感觉到失去了他人的欣赏。或许以前在学校他们是好学生，受到过教师高度的赏识。然后，他们突然转到了一所新的学校，进入了一种新的社会环境，或开始干上一门新的职业。我们也知道，从前表现最好的学生到了青春期并不总是继续表现最好。他们似乎发生了某种转变，但实际上，什么都没有改变，只是过去的处境并不像新的处境那样真正地显示出他们的性格面目而已。

由此可知，防止孩子在青春期出现麻烦的最好办法是让孩子培养与他人的友谊。孩子们相互间应该成为好朋友。这点既适用于家庭的成员，也适用于家庭成员以外的人。在一个家庭里面，父母、孩子应该做到相互信任。父母和教师必须得到孩子的信任。事实上，到了孩子的青春期，也只有那些在此之前一直跟孩子保持着贴心、同伴的关系，并且能够同情、理解这个孩子的父母和教师，才可以继续发挥他们引导这个孩子的作用。除此之外的父母和教师，都一概遭到孩子的排斥，孩子不会信任这些父母或教师，他们形同陌路，甚至被视为敌人。

处于青春期的女孩子会表现出她们对女性角色的厌恶。她们会试图模仿男孩子，当然，模仿的是男孩子在青春期的坏习气，例如抽烟、喝酒、拉帮结伙等，因为模仿这些比模仿他们努力工作的优点要轻松容易。另外，女孩子会借口说，如果她们不模仿这些行为，男孩子就会对她们不感兴趣。

如果我们仔细分析青春期女孩子的这种对男性的抗议，我们就会发现这种女孩从早年起就一直不喜欢她们的女性角色。直到此时为止，她们的厌恶只是被掩盖了起来。这就是为什么观察这时候女孩子的行为是这样的重要，因为这时候我们可以发现她们如何对待她们将来的性别角色。

青春期的男孩子喜欢扮演一个相当有见识、无所畏惧和自信十足的男人形象。另一类男孩子则害怕他们遇到的困难，对自己要成为真正、完全的男人信心不足。如果为他们的男性角色作准备的培养、教育存在某些缺陷，那么这些缺陷到了这时候就一一曝光了。这些男孩子显得脂粉气十足，他们喜欢表现得像女孩子，甚至模仿女孩子的坏习惯：打情骂俏和忸怩作态等。

在男孩子当中，与这种女性化的发展极端相对应的，是一些男孩子擅长老练地表现那些典型的男孩子特征，他们有可能做得过火，走进另一极端，那就几近荒唐了。他们学会喝酒和放纵性欲。有时候他们甚至出于炫耀自己的男子汉气概这一目的而不惜犯罪。这些恶劣行为见之于那些想取得优越感的男孩。他们想成为领袖，想做出令人瞠目结舌的事情。

虽然这类人表现得肆无忌惮和野心勃勃。但通常，他们都有一种不为人知的怯懦特征。最近在美国我们就有这样一些臭名昭著的例子——像哈尔、里奥波特和罗伯。对他们的生涯做一番考察，我们就可看到他们期求的是一种轻松容易的生活，他们总是寻求轻易到手的成功。这类人具有行动力，但他们缺乏勇气——一个作奸犯科的人正是这两者的恰到好处的结合。

青春期的孩子会首次动手殴打他们的父母。看不到这些行为后面那隐藏着的人格脉络的人以为这些孩子突然变了，但对这事件之前所发生的事情进行一番研究。就可以看得清楚，孩子的性格还是原来的性格，他现在只不过具备了能力和实施行动的可能。

值得我们注意的另一点是，在青春期，每个孩子都感觉到面临着一个考验——他觉得他必须证明他不再是个孩子。这感觉当然害人不浅，因为我们每当感到需要证明某事时，我们就会做得过火或走得太远。青春期的孩子就是这种情形。

这确实是青春期的孩子最常犯的毛病。解决的办法是向他们解释他不需要让别人相信他不再是个孩子：我们不需要这样的证明。告诉他这一点我们就或许可以避免他们做出上述的夸张行为。

有一类型的女孩子在对待异性的问题上做出比较夸张的行为，她们做出“痴迷男孩子”的样子。这些女孩子偏要和她们的母亲对着干。她们总认为自己受到父母的压制（或者她们的确受到压制），她们会和任何随便碰到的男子搭上关系，目的只是要跟父母赌气。她们的父母发现她们的所为就会生气——这一念头使她们很得意。不少离家出走的少女，因为和母亲怄气，或者因为父亲对她太过严厉，她们和男子发生了首次性行为。

具有讽刺意味的是，父母多方压制他们的女儿，希望她们能成为乖女孩，但由于这些父母对人的心理缺乏洞察，最终却导致这些孩子变坏。在这种情况下，错误并不在女孩一方，错误在于父母，因为他们并没有帮助女儿做好应付新处境的准备。在青春期到来之前，他们对女儿呵护备至，而结果就是他们没有培养出孩子的独立能力和是非判断力——而这些对于提防青春期的陷阱是必不可少的。

有时候，女孩子并不在青春期内而是在青春期之后——在她们的婚姻生活才遭遇到困难挫折。个中的原理是一样的，这些女孩子只是侥幸地在青春期内并没有碰上逆境。但考验人的逆境迟早总会出现，为此做好准备工夫很有必要。

在这里可以举出一个实例来具体说明青春期少女碰到的问题。这个实例中的少女出身于一个很贫穷的家庭。她不幸有一个总是患病的哥哥，一直由母亲照料。从幼年起，这女孩就注意到她得到的待遇和他哥哥有别。女孩出生的时候，她的父亲也患病了，女孩的境遇无疑是雪上加霜，因为这样，母亲就必须同时照料父亲和哥哥两人。这女孩目睹了得到别人关心和照顾的两个活生生的例子，她心中的强烈愿望就是得到人们的关心和赞赏。她在家里无法获得赞赏，尤其是不久以后她的妹妹出生了——她的妹妹剥夺了她仅有的那么的一点点关心和照顾。凑巧的是，她妹妹出生以后，她父亲就病愈了。这样，她妹妹比小时候的她获得人们更多的注意和关心。这些事情逃不过孩子的眼睛。

为弥补在家里无法得到的注意和关心,这女孩在学校拼命用功学习,她成为班里最好的学生。因为她表现优秀,学校建议她继续完成中学的学业。但在她进入中学的时候,情况发生了变化。她学习没有以前那么用功了,原因是新来的教师不认识她,也不赞赏她。但这个女孩迫不及待地要得到别人的赞赏。她在外面寻找能够欣赏她的人。她和一个男人同居了两个星期。后来,这个男人对她厌倦了。事情将如何发展是可以预料的,她肯定会意识到这种赞赏并不是她想要的。与此同时,她的家人忧心忡忡,到处寻找她的下落。突然他们接到她的一封来信,信上写着:"我吃毒药了。不用担心——我很幸福。"她追求幸福和赞赏的努力失败以后,很明显,她的下一个念头就是自杀了事。但是,她并没有自杀,她用自杀来吓唬家人,并以此获得父母的原谅。她继续在街上闲逛,直到她母亲找到了她并把她带回家里为止。

如果这女孩清楚地知道:她对别人对她的赞赏的渴望主宰着她的全部生活,那么所有这些事情就不会发生了。同样,如果女孩的中学教师意识到这个女孩一直学业优秀,而她所需要的只是某种程度的赞赏,那么,事情就不会弄到这种地步。这一连串发生的事情,如果随便在某一环节得到适宜的处理,那么,女孩都不至于陷入如此的困境。

这里引出了对孩子的性教育问题。关于性教育的话题,在最近被人们可怕地夸大了。很多人在性教育的问题上,表现得简直可以说是失去了理智。他们想在各个年龄的孩子当中,都开展性教育。他们把孩子由于对性的无知所带来的危险夸大其辞。但我们观察我们自己和别人的青年时期，我们并不觉得我们遭遇到人们所想象的种种危险。

个体心理学的经验告诉我们：两周岁的孩子需要明了自己的性别，我们还需要告诉他，他的性别不可以改变——小男孩以后就会长成男人，女孩就长大成女人。除了这点，对其他的事情不甚了了，也没有什么关系。如果孩子清楚知道：女孩子接受的教育不能以教育男孩子的方式进行，反之亦然，那么，性别的角色就固定在他的心中，他（她）们也就肯定能以正常的方式去培养、准备他的性别角色。但如果他相信以某一神奇的方式他就可以改换性别，那么麻烦就出来了。同样，如果父母总表现出改变小孩性别的愿望，麻烦就会接踵而至。在《孤单的深井》一书中，就有这一情况的绝妙的文学描绘。父母经常性地以培养男孩子的方式教育女孩子，或者相反。他们给孩子穿上异性的服装，为他们拍照。有时候，一个女孩看上去像个男孩，周围的人就误会地以错误的性别称呼她，这会带来很大的混乱。家长最好能够避免这种情况的出现。

我们还需要避免那些有贬低女性倾向和鼓吹男性优越的有关性别的讨论。应该让孩子明白：男性和女性都有同等的价值。这不仅防止被贬低的女孩产生自卑情结，而且也避免带给男孩子不良的效果。如果男孩子没有受到男性优越论的教育，那么，他们就不会只把女孩子视为泄欲的对象。如果他们明白了他们自己将来的责任，他们也不会以不良的目光看待两性间的关系。

换个别的说法，性教育的关键并不在于向孩子解释两性关系的生理方面的事情，它涉及培养和端正孩子看待爱情和婚姻

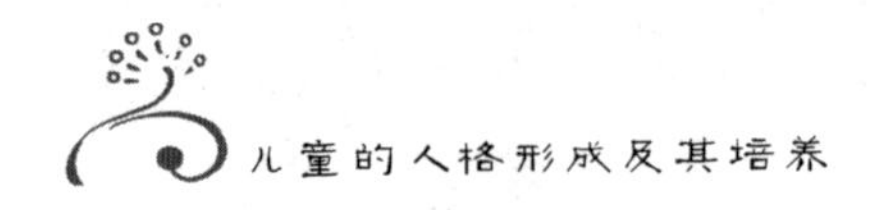

的整个态度。这跟孩子调节适应社会的问题密切相关。如果孩子没有学会调节适应社会，那么，他对性的问题就会采取玩世不恭的不严肃态度，他看待事情就会完全以自己的利益为出发点。这种情况当然经常发生，这反映了我们文化上的缺陷。女人是受害者，因为在现在的社会，男人要担当主动的角色会容易得多。但男人其实也是受害者，因为由于他获得一种虚假的优越，他也就无法接触、感受到人的内在价值。

至于性教育的生理方面，孩子没有必要在太早的年纪就接受这方面的知识。我们可以等到孩子对这些事情产生好奇、想了解具体的事情的时候。对孩子感兴趣的父母会知道何时适宜主动告诉孩子这方面的事情，假如孩子对这些问题羞于启齿。如果孩子把他的父母视为朋友，他自然会向他们提出询问。在回答他的问题的时候，需要针对孩子的理解力而做出恰如其分的解答。必须避免给予孩子那些刺激性、挑逗性的回答。

在这一方面我们要说的是，如果孩子表现出一些明显的性早熟现象，我们不要大惊小怪。孩子的性发育很早就已经开始。事实上，在孩子出生后的几个星期，这种发育就已经进行。婴儿确实感觉到性的快感，他有时人为地去获得刺激他性感应区的快感。孩子出现这些令人不安的举动，我们不必惊慌失措。我们要尽最大的努力使孩子停止这种行为，但同时又不要显得把这些问题看得太过重要。如果孩子发现我们为这些事情担忧，他就会故意继续这样做，以招引我们对他的注意。他这样做，使我们误以为他的性欲在肆虐。但其实孩子只是利用他的习惯以作炫耀。一般来说，年幼的孩子喜欢通过玩弄生殖器来吸引父母的注意，因为他们知道父母害怕他们这样做。这种心理和孩子装病的心理是一样的，因为他们发现患病以后受到大人更多的宠爱和照顾。

对小孩不宜有太多的亲吻和搂抱，因为这会给他带来身体的刺激。尤其对于青春期的孩子，这是很不好的事情。也不要太多地和小孩谈论关于性的话题，以免给他这方面的精神上的刺激。通常，小孩子会在父亲的书房里发现一些轻佻、挑逗的图片。在心理诊所我们经常碰到这些例子，孩子们不应接触那些以他们所不能明了的方式涉及性的问题的书籍。同样不应该带孩子观看那些滥用性的主题的电影。

如果使孩子避免太早受到各种性的刺激，那么，我们就没有什么可担心害怕的了。我们只需在恰当的时机给予他们简单的解释，而解答他们的问题的方式一定要真实、朴素，不要招惹他们的反感。最起码，我们不能欺骗孩子，如果我们还想拥有孩子对我们的信任的话。如果孩子信任父母，他就会相信父母所说的话，他就会对从他伙伴那里听来的解释打上折扣——或许90％的人是从他们的伙伴、朋友那里得到性的知识。父母和孩子这种朋友式的相互信赖、相互合作，和父母自以为得计地使用种种托词敷衍孩子——两者比较，前者要好得多。

对性事经历太多，或者经历太早的孩子一般在成长以后会对性失去兴趣。这就是为什么避免孩子看到父母做爱很有好处。如果可能，孩子不宜和父母同住一个房间——当然更不宜同睡一张床上。同样，兄弟和姐妹也不宜住在同一个房间。父母应该留意孩子的行为是否得宜。他们还得注意外在世界对孩子的影响。

上述的议论包括了性教育这一问题的几个要点。性教育——一如其他方面的教育——的关键是在家里形成一种合作、友好的精神。有了家庭合作的基础，从小就对自己的性别角色和男女平等有了了解——这样，孩子就能做好准备以应付他日后会遇到的各种危险。起码，他已准备好以健康的态度迎接人生的工作。

第十三章

教育者的任务

个体心理学家认为，对所有的孩子都要全力帮助、教育，要给予他们勇气和信念，以激发他们的思想和潜力。要教育孩子，不要把困难视为不可逾越的障碍，困难只是我们要面对和解决的问题。成功并不总是伴随着我们的努力，有时候我们的努力没有获得卓然的成绩，但成功的例子足以补偿我们所做的一切。

在教育孩子的时候，父母或教师都不应让这样或那样的原因使自己变得灰心丧气。不能够只是因为做出努力没有得到成功的回报就变得气馁。当孩子表现出冷淡、漠然的态度，或者他们只是相当被动地做出回应，不要因此就预感失败，也千万不要允许自己受到遗传这一迷信说法的影响。个体心理学家认为，对所有的孩子都要全力帮助、教育，要给予他们勇气和信念，以激发他们的思想和潜力。要教育孩子，不要把困难视为不可逾越的障碍，困难只是我们要面对和解决的问题。成功并不总是伴随着我们的努力，有时候我们的努力没有获得卓然的成绩，但成功的例子足以补偿我们所做的一切。下面就是我们取得成功的一个例子。

例子中的男孩 12 岁，正就读小学六年级。他学习成绩不好，却对此持无所谓的态度。他以往的经历尤为不幸。因为佝偻病的原因，他直到 3 岁才能走路。他 3 岁结束的时候才会说一些简单的词语。4 岁的时候，母亲带他看一个儿童心理医生。医生说他的情况是没有希望的，但他母亲不相信这话。她把孩子送到一个儿童指导学校。在那里，男孩成长缓慢，学校对他的帮助也不多。孩子到了 6 岁，大家觉得他可以进小学了，在小学的头两年，小孩在家里得到额外的辅导，这样，学校的考试他都通过了。他勉强读完了三年级和四年级。

男孩在学校和在家的情形是这样的：男孩的极端懒惰使他在学校里引人注目。他抱怨说他无法集中精神听课，头脑总开小差。他和他的同学相处不好，同学经常要笑他，他也总是显得比其他人怯弱。在同学当中他只有一个朋友，他很喜欢他，和他一起外出散步。这男孩觉得其他人都讨厌，他无法跟他们打交道。孩子的教师抱怨说，这孩子算术成绩很糟糕，写作也不行——虽然教师相信这男孩有能力取得和其他人一样的成绩。

纵观这男孩的以往历史，以及他所能做得到的事情，很明显，对这男孩的治疗基于一个错误的诊断。这男孩感受着强烈的自卑感——简单说，就是自卑情结的折磨。这男孩有一个事事进展顺利的哥哥。他的父母声称这男孩的哥哥不用费力学习就上了中学。父母喜欢说他们的孩子不用费力就能学好知识，而孩子也喜欢以此炫耀。很明显，不努力学习就能掌握某样东西是不可能的。这男孩的哥哥或许在上课时努力用心地听课，把在课堂的所见所闻，都一一强记在心里，而在学校不够专心听课的学生回家后就得温习所学的功课。

弟弟和哥哥的反差多么的强烈！这男孩在生活中不得不时刻感受着压抑，因为他的能力不如他的哥哥，他远远比不上他哥哥的价值。或许在他母亲生气的时候，他习以为常地听到妈妈

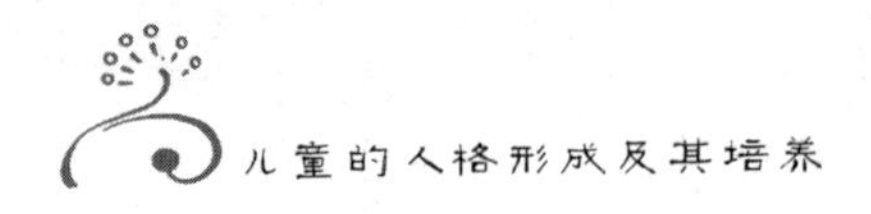

说出这样的话；或者那经常骂他为傻瓜或者白痴的哥哥也这样说他。他妈妈说，男孩如不听他哥哥的话，他哥哥就对他拳打脚踢。这一切造成了这样的结果：这男孩认为自己的价值不如别人。生活似乎使他更加相信这一看法。他的同学嘲笑他，他的功课总是错漏百出，他说自己又无法集中精神，每一个困难都把他吓倒。这男孩的老师不时地说，这男孩在班里、在学校都没有归属感。所以毫不奇怪，这小孩终于相信他是无法避免地陷入了目前的困境，他终于确信别人对他的看法是正确的。当一个孩子变得这样灰心丧气，对将来也已经失去了信心——这是相当可悲的。

这小孩失去了信心，是一目了然的事情，这倒不是因为我们开始跟他谈话时——尽管我们的谈话以轻松、自然的方式进行——发现他变得脸色苍白、身体颤动，我们是从他的一个值得注意的微小迹象看出他的信心不足。我们问及他的年龄时（我们知道他 12 岁），他回答说，“11 岁”。我们不能把这种错误视为偶然，因为孩子通常都清楚自己的确切年龄。我们证实过这类似的错误都有其潜在的原因。考虑到这小孩的生活遭遇，再结合他的回答，我们得出了这个印象：这男孩在试图重新回到他的过去。在过去，他更小、更弱、更加需要别人的帮助。

从我们掌握的事实我们可以重新整理出他的人格系统。这小孩不是通过成功完成别人交给他的力所能及的任务来获得对自己的肯定。他的想法和表现似乎在表明他不如别的孩子那样获得充分成长，他相信无法与别人竞争。这种落后于他人的感觉表现为他减少自己的实际年龄。他可能回答说“11 岁”，但在某些情形下表现得跟一个 5 岁的孩子无异。他深信自己低人一等，他甚至试图调节他所有的活动以对应他的这种看法。

这男孩在大白天尿床，并且无法控制自己的大便。这些症状表明这个男孩宁愿把自己视为一个小童。这些都证实了我们的判断：这男孩依恋他的过去，如有可能，他想重新回到以往的日子。

在这个小孩出生前，家里就有一个女家庭教师。她和这个小孩关系很密切，并且随时顶替着（小孩）母亲的位置，给予这个孩子照顾与帮助。由此我们可以得到更多的结论。我们已经知道这小孩过去的生活，我们知道他不喜欢早晨起床。他起床要花去人们很长的时间，人们谈起他这个问题就心烦意乱。我们的结论是，这男孩不喜欢到学校去。他和同学相处不好感觉受到压抑，他不相信能够取得任何成绩。在这种情况下，他不可能愿意到学校去，结果就是他不愿意按时起床。

但是，他的家庭教师却说这小孩愿意到学校去。事实上，在最近生病的时候，他恳求人们允许他回学校上课。这一点也没有和我们所说的发生矛盾。要解答的问题是："家庭教师为什么会判断错误?"这情形很清楚，也相当有趣。小孩病了的时候，他可以允许自己表示：他想到学校去，因为他很清楚，家庭教师会回答他说："你不能去，因为你病了。"但是，小孩的家人却不明白这表面的矛盾。他们在试图为小孩做些什么的时候，变得无所适从了，我们也多次观察到，孩子的家人并不了解孩子的真实内心。

家长把孩子送来诊治是因为发生了另一件事情。他拿了家庭教师的钱去买糖果。这件事情意味着他仍然像个小孩一样地行事。拿大人的钱去买糖果是相当孩子气的事情，很幼小的孩子在他们无法控制对糖果的贪念时，就以这种方式行事。他们同样无法控制自己的身体机能。这事情的心理含意就是："你一定要看护着我，否则我就会做出淘气的事情。"这小孩总是试图设置某种类似的情形，使别人为他的事费神，因为他对自己实在没有信心。我们比较一下他在家里的情形和在学校的情况，彼此的联系是显而易见的。在家里他能得到人们的注意，在学校情况却不是这样。但谁会试图矫正这男孩的行为呢？

直到小孩被带来见我们之前，他被人们视为一个后进、低劣的孩子，但这孩子确实不属于这一类别的孩子。一旦他恢复信心，他就是一个正常的孩子，能够取得他的同学所能取得的成绩。他一直偏向于悲观地看问题，在还没有做出努力以前，就已先做好失败的准备。一举手一投足都充分表现出他的缺乏自信，这点从他的教师所提供的报告中得到证实："精神无法集中，记性差，注意力不足，缺少朋友等。"他的沮丧、消沉是一目了然的，客观情形对他又是那样的不利，要改变他的态度，难度是不小的。

在回答我们的个体心理问卷以后，我们开始了咨询讨论。我们不仅要和男孩子本人交谈，而且还得和其他人进行磋商。首先是男孩的母亲。她早已对儿子不抱希望了，她只希望小孩能够勉强将就着学业，直到他最终能找到随便某一样职业为止。接下来我们见了男孩的哥哥——他很瞧不起他的弟弟。

我们向问题男孩提出问题，"你长大以后想干什么？"他对此当然没有给予明确的答复。这一个问题具有一种独特的意义。一个半成年的人并不真正知道他想要做什么——这里面肯定有问题。的确，很多人后来并没有做上幼时选择的职业，但这没有关系。至少他们受过他们的希望的指引。孩子在幼年渴望长大成为司机、警卫员、售票员，或者其他在儿时的眼里具吸引力的职业。但如果一个孩子没有一个具体想做的职业，那可能意味着他不想展望将来，他只是沉湎于过去。或者，换个别的说法，他在回避将来和与将来有关的所有问题。

这一点似乎和个体心理学的基本理论互相抵触。我们谈过孩子追求优越感的特点；我们也试图表明每个小孩都想发展自己，希望超越别人，取得某种成就。现在我们面对的这个孩子却一反常情：他只想着往回走，想变得幼小，希望得到人们的呵护和帮助。我们该对此做何解释？人的精神活动并不是始发的、原生的，它们都有复杂的原因背景。如果用简单幼稚的说法解释复杂的情况，我们的判断就会出差错。这些错综复杂的情形包含许多微妙之处，如果我们试图辩证地解释这种情形，换上一个相反的说法，例如，这小孩的追求方向是他的过去，因为只有这样，他才会显得举足轻重，他的位置也更加安全——这样的解释容易造成一般人理解上的混乱，除非他们对这种孩子的情形有一个透彻的了解。事实上，这种孩子往他过去的方向发展有他的道理，虽然有点可笑。在年幼、弱小、无助的时候，这种孩子比起其他任何时候都更强大和具有支配力。这个小孩对自己没有信心，他担心做不了任何事情。这样，我们还能指望他愿意期待将来——期待人们对他提出要求吗？对于一切考验和检测他作为人的能力的处境，他都唯恐躲避不及。因此，他的活动范围变得越加狭窄——在这有限的活动范围之内，人们就不会对他提出太多的要求。由此可看出，他追求别人的承认就仅剩下这么一小块地盘了。并且，他追求获得的承认只是在他幼小、无助

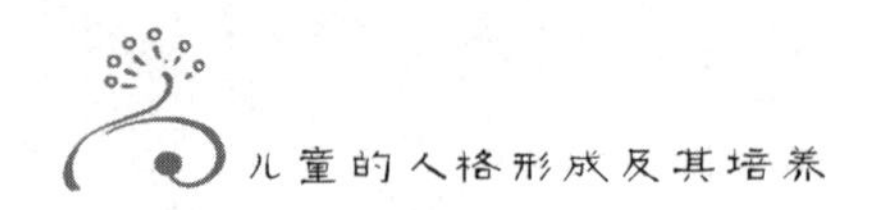

的时候别人给予他的那一种。

我们不但有必要和孩子的老师、母亲和他的哥哥会面交谈，我们还要跟他的父亲和我们的同事商议。这一系列的交谈、商议牵涉很多的工作，但如果我们能把孩子的老师争取到我们的一边来，那就会省去了很多麻烦。这不是无法做到的事情，但做起来并不简单。许多教师紧抱那些陈旧的方法和信条不放，他们视心理分析为怪异的事情。他们很多人担心进行心理分析意味着他们丧失了他们的作用，或者他们把这视为一种对他们工作的干扰。情况当然并不是这样。心理学不是一门能够速成的科学，要掌握心理学需要潜心研究和不断实践。当然，如果一个人从错误的观点看问题，那心理学就不会给他带来多大的用处。

宽容、忍耐是教育者必不可少的素质，尤其对于教师而言。对于新的心理学观点能够保持开放的态度——尽管这些观点与人们的一贯观点有抵触之处——这是明智的。在我们今天的条件下，我们没有权利断然地反驳教师的意见。处于这种困难情况，我们该怎么办？根据我们的经验，在这类似情况下，除了把小孩从他的困境转移出去——也就是说，转换小孩的学校——别无其他选择。这种做法不会损害任何人。没有人知道发生了什么事情，但小孩却因此卸下了一副担子。他进入了一个全新的环境，他小心用功以免遭受别人的反感和鄙视。事情具体如何安排并不容易解释。家庭环境与这大有关系。或许每个不同的情况应有不同的处理。如果众多的教师对个体心理学有相当的了解，那他们就会理解孩子的类似情况，就能给孩子提供帮助，这样，孩子就能得到更好的帮助。

第十四章

对父母的教育

我们现在正进入这样一个时期：新的思想、新的方法和新的发现在儿童教育的领域不断出现。科学正在淘汰那些传统和陈腐的习惯。知识的增加使教师的责任担子加重了，但教师获得的补偿是他们对孩子出现的问题有了更深的理解，和由此掌握了更加足够的能力去帮助他接手的孩子。关键要记住：孩子的单个行为表现，一旦脱离了这个孩子的整体人格，就将变得毫无意义。只有当我们把孩子这一行为结合他整个人进行研究，才能明白他的单个行为的含意。

这本书，正如我们已经好几次指出过的，是给父母和教师看的，他们都可以从这些关于儿童精神心理的发现中获益。从上一篇分析可以知道：小孩的教育和成长不论是在父母的保护下进行，抑或在教师的帮助下展开——那是无关宏旨的，关键是小孩要得到正确的教育。我们这里所指的教育当然是孩子课外的教育——不是学科知识的传授，而是孩子人格的训练发展，后者才是教育最重要的内容。虽然父母和教师都在教育孩子方面做出各自的奉献——父母矫正学校教育的不足，而教师矫正孩子家庭培养的缺陷——但在我们的大城市，在当今社会条件和经济条件下，教育的大部分责任确实落在了教师肩上。总的来说，父母并不如教师那样易于接受新的思想，并且，教师对于孩子的教育有着一种职业的兴趣。个体心理学把培养孩子以适应将来的希望放在改进学校和教师上面，虽然父母的合作是多多益善的。

教师在教育孩子的过程中,无可避免地会和孩子的父母发生冲突。尤其是,教师矫正孩子错误的前提,就是父母的教育工作的失败,这样,冲突更加无法避免。在某种意义上说,教师需进行矫正孩子的工作就意味着父母的失职,父母通常都是这样感觉的。在这种情形下,教师应如何处理和孩子父母的关系呢?

下面的议论就是针对这一个问题而发,当然,这些议论出自教师的角度——他们必须把家长的问题作为一个心理问题来对待、处理。那些为人父母的读者读到下面的文字的时候,不必生气,因为这些意见针对的只是那为数众多的、认识力不足的家长。

不少教师说过,跟一个问题儿童的父母打交道比跟一个问题儿童打交道更为艰难。这个事实表明,教师要展开对父母的工作就永远需要运用一定的技巧。教师应该预先有这样的假设:父母对孩子表现出来的不良品质并不负担责任。不管怎么说,父母并不是善用技巧的专业教育工作者,他们大都依照传统行事。当他们接到通知来到学校处理孩子的事情时,他们就像一个受到指控的罪人。他们心情不好——虽然这种心情反映了他们的内疚——他们理应得到教师富有技巧的对待。在这种情形下,教师应该放松父母的心情,使他们平心静气,态度友好。教师应该表现出乐意帮助他们的态度,同时希望能得到家长的诚意支持。

就算我们有足够的理由责备孩子的家长,我们也不能够这样做。我们和孩子家长一起合作,说服他们改变以往的态度并且采纳我们的方法,这样做,我们的工作就会取得更好的效果。向他们明白无误地指出:他们以往的教育方法是错的——这于

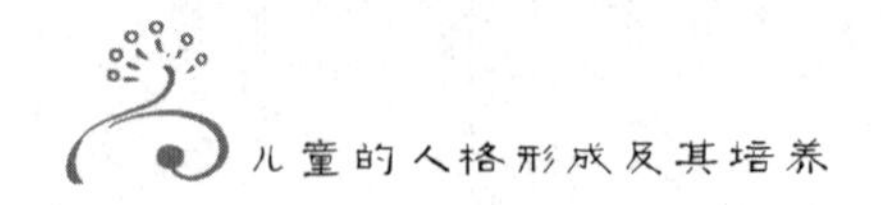

事无补。我们现在要做的事情就是尽力说服他们采取一种新的教育方法。如果告诉他们这做得不好,那又做错了,这样做只会触犯家长,使他们不乐意和我们合作。按照一般的规律,孩子犯错不可能是平白无故的,事情总有一个演变的过程。孩子家长会相信他们在教育孩子的时候有所忽略。但我们千万不能让他们感到我们也这样认为。我们跟他们谈话时不应生搬教条。我们给家长提建议时也不应采用一种权威、命令的口吻,我们说话时应采用"或许""可能""或者你可以这样尝试"等一类词语。尽管我们知道问题出在哪里,以及纠正错误的方法,但我们也不应该向他们直说,以免给他们一种强加于人的感觉。当然,毋庸置疑,并不是每个教师都能这样巧妙地处理问题,这种技巧也不是短时间就能掌握。有趣的是,富兰克林[①]的自传也表达过我这里阐述的同一思想。他写道:

> "一个教友派朋友友善地告诉我,人们普遍地认为我为人高傲,这种高傲在言谈间不时地流露出来;在与人讨论问题时我并不止于满足自己是正确的,而是气势逼人,表现得目空一切。"为了说服我,他列举了几个例子。我下定决心努力改正他说的这个缺点,虽然我的缺点不止这一个。我在列出的清单上面加上了这一条:谦卑——谦卑这个词我使用的是它的广泛的含意。
>
> "我不敢吹嘘我实际上真的培养了谦卑这一美德,但起码表面上我有了谦卑的样子。"我为自己订下这样的规矩:不对别人的意见发表直接相反的议论,也不绝对肯定自己

① 18世纪美国政治家、文学家。——译者注

的见解。我甚至遵循古老的政务法律，不允许自己运用语言上含有绝对、肯定的意思的字眼，例如：确定、无疑等。我采用的是我觉得、我想、我看等表达法——起码现在我认为自己是这样做的。如果别人表达的意见我认为是错的，那我就控制自己，不会让自己得意地马上反驳别人，向别人指出他的说法的荒谬之处。在回答他的问题时我就说，在某种情况、某些场合他的说法是正确的，但此刻的情形好像看上去略有不同，等等。很快，我就发现这种说话方式的改变所带来的好处，我和他人的谈话得以更加愉快地进行。我以委婉、谦逊的方式说出的见解更容易得到别人的接受，也较少遭人反对。一旦我的看法被证实是错的，我也不会感觉多大的屈辱。但如果证实我碰巧对了，我就更容易使他人放弃他们的错误见解，站到我的一边来。

“我刚开始采用这种方式时，觉得自己的天性很受压抑”。但后来，习惯成了自然，或许在这过去的五十年里，还没有人听到我说过一句充满教条味的话。我想正是得益于这个习惯（除了得益于我的诚实正直的性格），在早年我提议建立新体制、改革旧制度的时候，我得以很好地说服我的同胞；并且在我成为公众议员时能够产生那样大的影响力——其实我只是一个拙劣的演说家，雄辩不足，遣词用字颇费踌躇，表达也不够精确。但尽管如此，一般来说，我的观点还是得到人们的赞同。

“在现实生活中，没有什么自然情欲比骄傲更难降服。尽管我们改换它的面目、压制它、卡住它的咽喉，骄傲这种情欲就是不肯灭亡，它不时地又会抬头露面。在历史上你

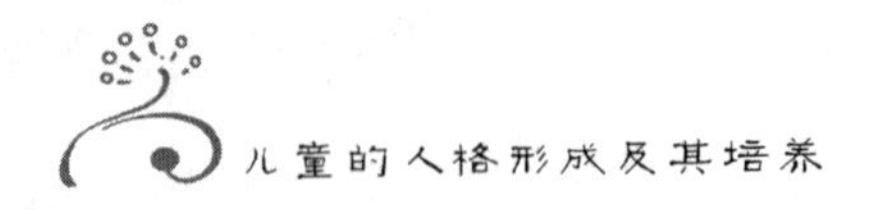

们都经常看到这类似的情形。因为尽管我真的能够认为我完全地制服了骄傲，我仍然会为我的谦卑而骄傲。”

的确，富兰克林这里所说的并不适用于生活中的每一种情形。这既不可求也不能勉强。但富兰克林的看法告诉我们，咄咄逼人地反对别人是多么的不合时宜和徒劳无益。生活中并没有哪一条规律适合每一种的情况。每一条规律都只能在一定的范围内适用。当然，在某些场合措词强烈才是适宜的。但是，我们应该考虑到，那些忧心忡忡的家长已经蒙受了屈辱，现在因为孩子的缘故他们还得准备着再次蒙受屈辱。教师此刻面对的就是这些孩子家长。缺少了家长的合作我们将一事无成——考虑到这种情况，事情就很清楚明白：为帮助我们的孩子，富兰克林所采用的方法就是唯一应合乎逻辑和适合我们采用的方法。

处于这种情形，要证明自己看法的正确，或者显示自己的优越感是毫不重要的。要扫清我们教育工作的障碍时，我们当然需要克服不少困难。很多家长不想听取任何建议，他们感到吃惊或者生气，他们的态度表现出不耐烦和不友好，因为教师把他们和他们的孩子置于一种令人不快的境地。这种家长通常都一直在试图对孩子的错处睁一只眼、闭一只眼，对客观现实视而不见。现在他们被强迫睁开了眼睛，整件事情都不会让人愉快。如果教师仓促地、突然地或者情绪激动地和家长谈起他们孩子的事情，那教师就很难把家长争取过来——这道理不难明白。很多家长甚至走得更远，他们大讲一通气话，这使教师更难以靠近他们了。一旦出现这种情况，教师最好能向孩子家长表明：他们的工作有赖孩子家长的协助帮忙。最好能够帮助这些家长安定情绪，使他们最后能够态度友好地说话。我们不要忘记这一点：很多家长受困于陈腐的管教孩子的方式，他们很难一下子冲破传统的樊篱。

例如，一个父母一直用严厉的言词和难看的脸色摧毁他的小孩的勇气。现在过了十年以后，他突然要换上另一副表情，和颜悦色地和孩子说话，这自然是困难的事情。我们甚至可以说，如果父母突然改变了对孩子的态度，孩子一开始并不会相信他父亲的改变是真诚的。他会把父亲改变态度视为一个诡计，他只能通过父亲的改变慢慢地恢复信心。这种情况对于高级知识分子也不例外。一个中学校长接连不断地批评和挑剔儿子，把孩子逼至崩溃的边缘。这校长跟我们交谈了以后，意识到问题的所在。然而，他回家以后，又语气尖刻地跟儿子说起了无边的大道理。他发脾气是因为儿子表现懒散。儿子每次做了父亲不喜欢的事情，父亲就大发脾气，说些尖刻难听的话。一个身为教育者的校长尚且如此，那么，那些从小耳濡目染那种生硬的管教方法的人——他们动辄对犯事的小孩皮鞭伺候——要他们一下子改变态度，其难度之大，可想而知。跟孩子家长谈话时，教师必须使用一切巧妙、圆滑的辞令和手段。

我们不要忘记，在较贫穷的阶层，对孩子实施皮鞭教育的习惯做法相当普遍。因此，往往出现这种情形：孩子接受了教师的一番改正教育以后，一旦回到家里，家长还是继续以皮鞭招呼他们。孩子家庭的教育不当使教师的一番心血努力付诸东流，这已是习以为常的了。这情形令人感到悲哀。这样，孩子为所犯的一样错误遭受了两次惩罚，而我们认为对孩子惩罚一次就足够有余了。

我们知道对孩子的双重惩罚有时候会产生严重的后果。举例说,某一个孩子要把一个糟糕的报告卡带回家里。他害怕挨打,所以他没有把报告卡交给父母。他担心回到学校受惩罚,他就逃学了。或者,他就在报告卡上面伪造他父母的签名。我们不能无视或者小看这种事情。我们要结合孩子的处境——他和周围环境的关系——来考虑孩子的问题。我们得问一下自己:我现在直截了当地跟他谈论他的问题,会发生什么事情?孩子会怎样反应?我有多大的把握,这种做法会给小孩带来好处?孩子具备足够的承受能力吗?他真能够由此吸取有益的教训吗?

我们知道孩子和成人对困难的反应不尽相同。我们对孩子实施再教育的时候需要谨慎、小心行事,我们在试图重整孩子的生活模式之前,应当有相当的把握能取得效果。在从事对孩子的教育和再教育的时候,始终能够考虑周详,并且判断客观的人,会更有把握取得预期的效果。教育工作很需要实践和毅力,同时也需要这一不可动摇的信念:无论出现什么情况,我们总有办法挽救孩子。首先,在这方面,我们有这条古老、公认的规律:重新振作宁早勿迟。孩子是一个统一体,他表现的症状只不过是这一个统一体的构成部分——持这种看法的人,更能理解孩子和帮助孩子。但那些习惯抓住孩子的某一症状,根据机械、僵硬的模式对此做出处理的人——例如,一旦孩子没有完成好他的功课就把情况告诉孩子家长——这些人和前者相比,工作起来就逊色许多。

我们现在正进入这样一个时期:新的思想、新的方法和新的发现在儿童教育的领域不断出现。科学正在淘汰那些传统和陈腐的习惯。知识的增加使教师的责任担子加重了,但教师获

得的补偿是他们对孩子出现的问题有了更深的理解，和由此掌握了更加足够的能力去帮助他接手的孩子。关键要记住：孩子的单个行为表现，一旦脱离了这个孩子的整体人格，就将变得毫无意义。只有当我们把孩子这一行为结合他整个人进行研究，才能明白他的单个行为的含意。

附录一

个人心理问卷

根据孩子对这些问题的回答，我们可以对孩子的个性得到一个正确的认识。孩子的失败并不是理应如此，但这些失败却是可以理解的。应该以一种耐心、友善的方式向孩子逐一解释清楚他们在问卷中暴露出来的错误，在这过程中，不能夹杂丝毫威胁和攻击性的话语。

本问卷供了解和帮助问题儿童之用，由国际个体心理学家协会拟定。

1. 何时发现小孩出现问题？当小孩暴露出缺点的时候，他当时的处境（心理的以及其他的）是怎样的？

考虑下面这些情况很重要：环境的改变，开始上学，家里有了弟妹，小孩的哥哥、姐姐的情况，在学校遭遇挫折，变换教师或者变换学校，小孩患病，父母离婚，父母再结婚，父母丧亡。

2. 小孩暴露出问题之前是否出现一些反映了心理和体质缺陷的特点？例如，小孩在吃饭、穿衣、洗澡、睡觉等方面是否表现出腼腆、内向、粗心、笨拙、嫉妒、羡慕、依赖他人等特征？小孩是否害怕孤单或者怕黑？他是否明白自己的性别角色？小孩是否表现出首级、副级或者第三级的性别特征？他如何看待异性？他对自己的性别角色有多少了解？他是继子、私生子、养子，抑或孤儿？他的养父母如何对待他？他们之间是否能沟通？他是否适时地学习说话和走路？学习过程中可曾遭遇困难？孩子的换牙期是否正常顺利？在学习阅读、书写、唱歌、游泳时，孩子是否碰到明显的困难？他是否特别依恋他的父亲、母亲、祖父母或者保姆？

关键要判别孩子是否敌视他所处的环境，并且找出孩子自卑感的根源；检查孩子是否有回避困难的倾向，他是否显示以自我为中心的特征，是否过分敏感。

3. 小孩经常给人制造麻烦吗？他最害怕的是什么？他最害怕的人是谁？他夜间睡觉可曾惊叫？他尿床吗？他对比他弱小的孩子，甚至比他强壮的孩子会不会耀武扬威？他是否渴望和父母一起睡觉？他举止是否笨拙？他得过佝偻病吗？他的智力如何？他是否经常遭受别人的逗弄和嘲笑？他是否在头发、服饰、鞋袜等方面显示出虚荣心？他经常咬指甲、抠鼻子吗？他吃东西时是否表现出一副馋相？

了解小孩是否勇敢地追求优越感对我们很有启发作用。我们还需要了解小孩的偏执、顽固是否妨碍他听从自己的意愿行事。

4. 小孩容易和其他孩子交上朋友吗？他对人和动物都有耐性吗？他是否烦扰或者折磨他（它）们？他是否喜欢搜集物品？他是否吝惜和贪婪？他是其他孩子的领头人吗？他倾向于孤独吗？

这些问题检查小孩跟别人打交道的能力和他的气馁程度。

5. 结合上面的问题，考察小孩现在的情况：他在学校表现如何？他喜欢学校吗？他上学是否守时？回学校之前，他是否表现得情绪亢奋？他匆匆忙忙地赶到学校去吗？他是否遗失书本、作业簿和书包？做练习和参加考试前，他是否紧张、激动？他忘记做功课吗？或者他拒绝做功课吗？他是否胡乱打发时间？他懒惰吗？他是否无法集中注意力？他扰乱课堂纪律吗？他如何看待他的教师？他对教师挑剔批评、傲慢无礼，抑或表现出一副爱理不理的态度？他主动请求同学帮助他的功课，抑或他只是被动地接受人家的帮忙？他是否在体操、运动方面跃跃欲试？他认为自己相对不如别人还是完全不如别人？他是否经常阅读书籍？他喜欢哪一类读物？

这一类问题帮助我们了解小孩为学校生活所做的准备，他经历"学校试验"所产生的结果，以及他对待困难的态度。

6. 确切了解小孩的家庭情况，家人是否有酗酒行为，或者家人是否具有犯罪倾向，是否身体衰弱，或患有神经疾病、梅毒、癫痫病等？家庭的生活水平？家中是否有人死亡，死亡发生的时候小孩有多大年纪？小孩是孤儿吗？谁掌管家庭？对小孩的管教是否苛刻严厉？家长挑剔、批评孩子，抑或对孩子放任自流？家里的影响是否造成了小孩对生活怀有恐惧？家人是否留意看视小孩的情况。

考察小孩的家庭情况和他对家庭的态度，我们就可以了解和判断家庭环境留给小孩的印象。

7. 小孩在家庭中的位置？他是长子、幺子、独子、独生男孩抑或独生女孩？子女间有没有相互竞争的情况？孩子们是否哭闹，他们之间有没有幸灾乐祸的行为？他们是否表现出贬损他人的强烈倾向？

这些情况对于了解孩子的性格相当重要，它们帮助我们理解孩子对待他人的态度。

8. 孩子对选择将来的职业有何想法？他如何看待婚姻？孩子的家庭成员从事何种职业？父母的婚姻生活怎么样？

从这些情况可以得出结论：孩子是否有勇气和信心面对将来。

9. 孩子最喜爱的游戏、故事是什么？他喜欢哪一些历史人物和文学人物？他喜欢捣乱别人的游戏吗？他想象力是否丰富？他是否冷静思考问题？他喜欢做白日梦吗？

这些问题探讨孩子是否倾向于在现实生活中扮演一个英雄的角色，如果孩子的行为出现互相矛盾之处，那就表明孩子勇气不足。

10. 孩子早年的回忆是什么？他是否定期做一些印象深刻的梦，诸如，飞行、从高处落下、全身不能动弹、赶不上火车等。他是否还做一些焦虑性的梦？

由此我们可以发现孩子是否喜欢孤独，他是否谨小慎微或者雄心勃勃。我们还可以了解到他对具体的某人、某种生活等是否有所偏爱。

11. 孩子的灰心气馁表现在哪一些方面？他是否感到自己受到别人的忽视？他对别人的注意和赞扬反应迅速吗？他有没有迷信的想法？他躲避困难吗？他是否尝试做各种事情，但所做的每一样事情都有始无终？他对将来有确切的打算吗？他相信遗传的不良影响吗？他周围发生的一切使他沮丧泄气吗？他的人生态度是否悲观？

这些问题的答案能证实孩子是否对自己已经失去了信心，他是否已经选择了一个错误的发展方向。

12. 孩子是否要弄调皮的花招，诸如做鬼脸、装疯卖傻、卖弄幼稚、出洋相等？

这种情况表明孩子为达到吸引他人注意的目的，试图表现出些微的勇气。

13. 孩子有言语缺陷吗？他长相是否丑陋？脚部畸形？膝盖内弯或罗圈腿？身材矮小？身材特别肥胖或高挑？身体比例不协调？眼睛或耳朵的生理异常？心智迟钝？左撇子？夜晚睡觉打呼噜？长得特别英俊帅气？

孩子会把自己的这些缺陷过分看重，而由此失去勇气。长相很不错的孩子也经常在成长中出现问题，他们认定无

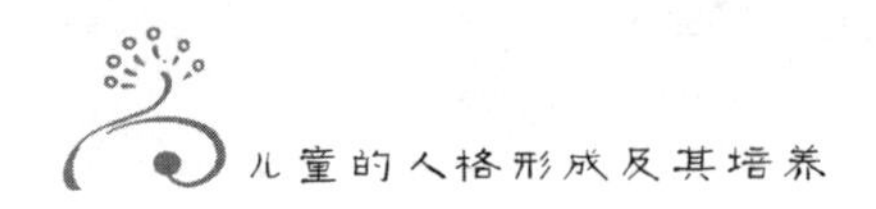

须耕耘，就能收获。这种孩子错过了不少锻炼自己应付人生的机会。

14. 他是否经常提及自己能力不如别人，抱怨自己对学业、工作、生活“欠缺天赋”？他有没有自杀的念头？他遭受失败和他给人制造麻烦两者是否有时间上的关联？他是否过分看重表面上的成功？他是否温顺服帖、执拗顽固，抑或桀骜不驯？

这些是孩子极度气馁失望的表现。在孩子无法摆脱他的困境的时候，这些表现就变得尤为明显。孩子遭遇挫折，一部分由于他的努力没有取得效果，另一部分原因是他对他接触的周围的人欠缺了解。但不管怎样，他要满足自己对优越感的追求。为此目的，他转而寻找另外别的较为容易的方面去发展。

15. 找出孩子取得成功的事例。

这些成功的事例给予我们重要的提示，因为有可能孩子的兴趣、愿望和他接受的培养训练都指向一个另外的方向，这方向与他目前采取的发展方向有所不同。

上述问题不宜以固定和程式化的顺序向孩子提问。我们应该灵活地通过谈话的形式提问。根据孩子对这些问题的回答，我们可以对孩子的个性得到一个正确的认识。孩子的失败并不是理应如此，但这些失败却是可以理解的。应该以一种耐心、友善的方式向孩子逐一解释清楚他们在问卷中暴露出来的错误，在这过程中，不能夹杂丝毫威胁和攻击性的话语。

附录二

五个孩子的个案及其评论

心理学试图了解一个儿童的整套知觉系统——孩子以此指导自己的行为，对刺激做出回应；了解这个儿童如何看待某些刺激、他对某些刺激的回应，以及他如何利用它们达到自己的目标。

个案一

这个15岁的男孩是家里的独子，他的双亲艰苦工作，一家人过着还算得上是舒适的生活。孩子的父母小心翼翼地确保这个男孩身体健康成长。孩子的母亲是一个善良的女人，但软弱爱哭。她费了很大劲才介绍完她儿子的情况，并且她的介绍过程断断续续。我们不认识孩子的父亲，但孩子的母亲形容他是一个诚实和精力充沛的人。他热爱他的家庭，对自己很有信心。当小孩还很小、不听话的时候，他的父亲就会说："如果我不逼他就范，那将来就会有好看的了。"他的所谓"逼他就范"就是强迫儿子的行为中规中矩。他并没有花工夫教育孩子，但每当小孩做了错事，他就要用鞭子惩罚他。还在年幼的时候，小孩就渴望成为家里的主人，他以此表达他的反抗。小孩的这种欲望经常见之于那些被宠坏的独生子。他很早就显示出反抗的倾向，并且逐步形成了不服从的习惯——只要他父亲不动手打他，他就不会服从。

这种小孩必然形成的性格特征就是说谎。他用说谎来逃避父亲的重罚。确实，孩子说谎的缺点使他母亲深感头痛。小孩已经15岁了，但他的父母从来无法分辨他什么时候在说谎，什么时候在讲真话。在我们更详细询问孩子的情况时，我们听到这样的介绍：小孩曾经在一教区学校待过一段时间。在学校，孩子的教师也抱怨小孩不服管教，扰乱课堂秩序。例如，教师还没有向他提问题，他就大声说出问题的答案；或者，他为了打断教师讲课而故意提出问题；又或者在上课时大声和同学讲话。他做功课时字写得潦草难以辨认——他是个左撇子。最后，他的不良行为变得让人无法容忍。他害怕父亲的责罚，所以就编造谎言。他父母刚开始时决定让他继续待在学校，但过了不长时间，他们不得不把孩子从学校带走，因为教师认为他对这个孩子实在是无能为力了。

小男孩看上去很活跃，他良好的智力也得到教师的承认。他完成公立小学以后，就参加中学的入学考试。考试完以后，他告诉在一直等着他的母亲说，他考试通过了。家人都很高兴，他们在乡下度过夏季。男孩不断谈起中学的事情。中学终于开学了。男孩收拾好他的书包，每天上学去，中午就回家吃午饭。但有一天，母亲陪他走了一段路，在一起走过街道的时候，她听见一个男人说："那个不就是今天早上给我指路的男孩吗？"他母亲问小孩那男人说的话是什么意思，他那天早上到底有没有到学校上课去。男孩说学校早上十点钟就结束了。他把那男人带到了车站。他母亲对儿子的回答并不满意，稍后她就跟孩子的父亲说起了这件事。父亲决定第二天和儿子一块到学校去。第二天，在去学校的途中，经过反复追问，父亲才得知儿子入学考试并没有通过，他也没有到中学上学。他在那些天只是在街上闲逛打发日子。

父母为他请来了一个家庭教师。最后。男孩子终于通过了入学考试，但孩子的行为没有丝毫的改进。他仍然扰乱课堂秩序，并且他开始沾上偷窃行为。他偷走了妈妈的钱，并且为此胡编乱造了一大通谎言，直到家人威胁喊警察他才招认了偷钱这回事。这是忽略孩子教育的一个可悲的例子。那自负的父亲当初以为能够制伏他的孩子，现在他已经把儿子视为一个无可救药者。他的父母声称他们不再对孩子施以体罚了，现在对孩子的惩罚就是对他不理不睬。

在回答“孩子什么时候开始出现麻烦”这一问题时，母亲回答说：“从他出生的时候起。”根据这种回答，我们可以假设母亲暗示了这种意思：既然孩子的父母已经什么法子都尝试过了，但仍然不能奏效，那么，小孩的坏行为就是与生俱来的。

男孩在幼儿的时候相当烦躁不安，他白天黑夜都在哭叫，但所有看视过小孩的医生都说这小孩很正常，很健康。

这情况并不是乍看上去的那么简单。幼儿哭叫并不是什么大惊小怪的事情。这种现象有很多原因，尤其是孩子是个独子，他母亲也缺乏这方面的经验。通常孩子尿湿了就会哭闹，但母亲不一定知道这一点。小孩哭闹的时候，他母亲如何处理的呢？她抱着孩子，轻轻地摇着，给他东西喝。其实，她应该做的事情就是设法找到小孩哭闹的原因，把孩子安顿舒适，然后就不用再理会他。孩子自然就会停止哭闹,这样,小孩就不会留下这过去的不良记录。

他母亲反映说,孩子在正常的年龄没有花费多大的力气就学会了说话和走路,他的长牙期也很顺利。小孩有这样一个习惯:玩具玩过以后,他就会毁坏它们。这种表现不一定揭示小孩品格恶劣。值得注意的是她母亲所说的一句话:"他无法单个玩耍,哪怕只是一小段时间也不行。"母亲应该如何训练孩子独个儿玩耍呢?方法只有一个:要给小孩单独玩耍的时间。在小孩单独玩耍的时候,大人不要持续不断地理会他、打扰他。我们怀疑这个母亲没有做到这一点,她说的一些话显示了这一点。例如,小孩总是要她忙个不停地为他做这做那,他寸步不离他的母亲等。小孩渴望获得母亲的宠爱,他的渴望和企图是存留在男孩心灵的最早印记。

小孩从来没有单独一个人待着。

母亲说这样的话,很明显,是在做自我辩护。

小孩从来没有单独一个人待着,甚至到了现在,他也不喜欢独自一个人静静地待着,哪怕是短短的一个小时。夜晚他从来不会自己一个人独处。

这是小孩紧紧依附母亲的证据。

他过去从来不会害怕什么,现在他也不懂得害怕为何物。

这句话违反心理学的常识,因为它与我们的研究发现并不相符。经过深入检查事实。我们得到了对这种说法的解释。因为小孩从来没有单独生活,所以,他没有理由感到害怕。对于这种小孩来说,他的害怕也只是用来迫使别人陪伴他的借口。据此,小孩没有感到害怕的理由,但一旦他一个人独处,他的害怕就会表现出来。下面是个乍看之下互相矛盾的说法。

他很害怕父亲的棍子。那么他也有害怕的时候？但挨了父亲一顿棍棒以后，他很快就把这事情忘个一干二净，他又会高兴、活跃如常，虽然有时候他被父亲打得很厉害。

在这里我们看到孩子父母的行为所形成的不幸反差：母亲对孩子处处迁就，父亲则态度严厉，并且想矫正母亲的软弱。孩子受不了父亲的严厉管教，而转向了母亲。也就是说，他转向那溺爱他的人，从她那里他轻而易举地获取所需。

在 6 岁的时候，他到了教区小学，受到教区教师的监护。那时候人们就反映说，他活泼好动、无法安静和注意力不集中，人们大多抱怨他的行为举止，而不是他的学业功课。小孩躁动不安的特点表现得很明显。如果小孩想取得他人的注意，还有比活泼好动更好的办法吗？他已经习惯了吸引母亲的注意，现在，到了学校，他的活动圈子扩大了，他的目的就是得到他这扩大了的圈子里面的新成员的注意。学校教师不明白小孩这一目的，把他挑出来批评责备一番，试图改正他的行为。其实，这正投其所好。小孩为此付出巨大的代价，但他对这样的事情早已习以为常了。他在家饱受父亲的责打而丝毫不改所为。那么，我们可以设想，教师运用学校所允许的温和得多的手段就能使小孩改变旧习惯吗？这是不太可能的事情。他屈就回到学校，他要求得到的补偿就是能够引人注目。

父母想改进他，向他指出在课堂上课，为了大家的利益每人都要保持安静。听到这样的陈词滥调，我们禁不住怀疑这对父母是否还具备常识。这男孩其实和他父母一样懂得何为对错，但他的行为的原因，是要哗众取宠出风头，但如果保持安静他就不能够达到目的。要通过艰苦学习来吸引别人的注意谈何容易！他既然有自己的这样一个目标，他的行为的谜团就解开了。当然，如果父亲动用鞭子，小男孩就会暂时安静一会儿。但他的母亲说，一旦他父亲离开，男孩就依然故我。皮鞭责罚只能暂时中断他的习惯和行事，但不会一劳永逸地改正他的错误。

他总是控制不了自己的脾气。

很明显，一心一意要吸引别人注意的孩子只能通过发脾气来达到他的目的。所谓的脾气不过就是服务于小孩的目标、为他所用的一种节奏性的情绪和行为运动。这孩子利用他的脾气达到他的目的。例如，如果一个人只想静静地躺在沙发椅上，那他就根本没有必要发脾气了。这种发脾气的行为指示事有蹊跷——这跟小孩的目的大有关系。在这个例子里面，小孩的目的就是使自己引人注目。

他习惯把家里的各种东西带到学校去，以此换钱，然后请客，招待他的伙伴。父母发现这个问题以后，就每天在他离家前都搜查他一遍。他最后放弃了这种行为，转而一心一意地跟同学玩恶作剧，骚扰别人。他父亲实施严厉的惩罚才导致他改变这一行为。

我们可以明白他玩弄恶作剧的原因，那仍然是因为他渴望引人注目，他想招致教师的惩罚以显示学校的纪律奈何不了他。

他的捣乱行为慢慢有所减少，但不时他又故态复萌，变本加厉。最后，学校把他开除了。

这证实了我们的说法。这男孩要奋力争取他人的承认，在这过程中，他自然会遭遇不少障碍，他也意识到遭遇的困难。除此之外，考虑到他还是个左撇子，我们就更加明白他的心理活动了。我们可以推断：虽然他想尽力躲避困难，但他总觉得困难无处不在，他对克服这些困难又缺乏信心。他对自己越缺乏信心，他就越要显示自己，以便吸引别人的注意。直到学校忍无可忍，把他开除了，他才停止他的恶作剧和捣乱行为。如果校方坚持这一合理的立场：学校绝不能允许捣乱者扰乱其他学生的学习，那么，校方别无其他选择，只有把男孩驱逐出学校。但是，如果我们相信教育的目标是矫正孩子的缺点，那么，开除学生就不是适宜的做法。在家里男孩更加容易地获得母亲的承认，从此他也不再需要在学校刻苦用功了。

值得注意的是，孩子的家人采纳了一个教师的建议，在假期把男孩送到了一个儿童收容所。在那里男孩受到了更加严格的看管。但是，这一次尝试也没有产生什么效果。男孩的父母仍然是他的主要监督者。小孩每个星期天回家一次，这使他很高兴。但如果他不获准回家，他也不会显示出闷闷不乐的样子。这是可以理解的。他想扮演铁骨硬汉的角色。他不曾因为受到鞭打而抱怨，他也不允许自己流泪。无论事情变得多糟糕，他也不会做出有违男子汉气概的事情。

他的成绩单从来不会很差，他一直得到家庭辅导教师的辅导。

从这一点我们得出结论：这个小孩缺乏独立性。根据教师的反映，如果男孩能够安静地学习，他就会取得更好的成绩。我们确信孩子能够学好他的功课，因为除了弱智儿童，每个孩子都能完成学习的任务。

他绘画不行。

这点很重要，因为根据上述的情况可以假设小孩没有改善他那笨拙的右手。

他在体操运动方面表现很出色，他很快就学会了游泳，不怕危险。

这表明孩子还没有完全气馁。不过，他的勇气只表现在一些不大重要的事情上面——做起这些事情他能够得心应手，对获得成功有相当的把握。

他没有丁点害羞心理，他对任何人都大谈自己的看法，不管他的对象是学校的门卫还是校长，其实，他已经被多次警告不能这样唐突、放肆地说话。

我们已经知道，对于人们禁止他的具体行为，他不会作丝毫理会。因此，我们不能把他的肆无忌惮视为他具有勇气的证明。我们知道很多孩子很清楚他们和学校教师、校方之间应保持一段距离。但这男孩尚且不害怕父亲的皮鞭，他就更加不怕学校的校长了。他傲慢无礼地说话，目的是使自己显得有分量，他以这样的方式达到自己的目的。

他对自己的性别没有很明确的认识，但他经常说他不会喜欢成为女孩子。

没有确切的迹象向我们表明他对自己的性别的态度究竟如何，但我们通常发现具有这种淘气性格的孩子都有贬损女孩子的倾向。他们通过贬低女孩子以获取优越感。

他没有真正的朋友。

这是可以理解的，因为别的孩子并不总是喜欢听从他的号令。

他的父母至今为止还没有跟他解释性方面的问题。他的行为总反映出他想驾驭别人的欲望。

我们花费九牛二虎之力收集关于他的事实，但他本人对自己的情况却很清楚。也就是说，他清楚知道他自己的愿望。但有一点是毫无疑问的，他并不清楚他那无意识的目标和他日常行为之间的关联，他不知道他那强烈的统治欲的根源和程度。他想驾驭别人因为他看到他父亲驾驭别人；但他越想驾驭别人，那他就越是一个怯弱的人，因为他必须因此依赖别人；与此相对照的是，男孩的父亲——小孩以他为模仿的榜样——却只是以一种节制的方式驾驭家人。换句话说，小孩的怯弱使他变得野心勃勃。

他总是惹是生非，甚至对那些比他强的人，也是这样做。

但这些比他强的人却往往更好对付，因为这些人都有一种责任感。男孩只有在无礼放肆的时候才感觉到自信。随便说一下，这男孩很难放弃他的无礼、挑衅的行为，因为他对自己的学习能力没有信心，所以他只有以无礼的行为掩饰自己。

他不自私，他慷慨给予别人东西。

如果把这一点看成是他心地善良的表现，那就很难和他的大部分性格对得上号。我们知道一个人会以慷慨给予的行为谋取优越感。这种慷慨的行为使自己陡然增加了价值。有可能他从他父亲那里学会表现慷慨的行为以达到自我炫耀的目的。

他仍然给人们制造麻烦。他最害怕父亲，其次是母亲。他随时都可以起床，他也不是特别的虚荣。

这最后一点只涉及他外在的虚荣，但他内在的虚荣却特别强烈。

他改正了抠鼻子的旧习惯。他是个顽固的孩子，对食物挑剔、讲究，不喜欢蔬菜和肥肉，他并不是特别不喜欢交友，但他只

喜欢和任由他摆布的孩子交往，并且很喜欢动物和花草。

喜欢动物的背后是对优越感的追求和对支配他人的渴望。对动物的喜爱当然不是坏事，因为这使人们和世间事物达成和谐统一。但就我们正在讨论的这一类孩子而言，对动物的喜欢表达了他们的一种统治、支配的欲望，这种欲望使孩子倾向于想尽办法让母亲为他操心。

他表现出一种很强的领导、支配别人的欲望。他有搜集物品的倾向，但由于缺乏耐性，他的搜集总是有始无终。

这种孩子的悲剧就是他们无论做什么事情，都是虎头蛇尾，因为一个完成的结果就意味着担负责任——他们害怕担负责任。

从10岁以后，他的行为大体上有所改观。过去，因为他总想在街上的孩子堆中逞强好胜，所以很难把他留在家里。几经艰苦努力才使他有所改进。

家长把他局限在家里狭窄范围的做法其实最能满足他自我肯定的欲望。怪不得在家里这一狭窄地盘他会做出更多的淘气事情。在对他留意看视的前提下，应该继续让他上街玩耍。

他一回到家里就做功课，也没有要出门玩耍的意思，但他自有法子消磨、打发时间。

当我们把孩子的活动限制于某一狭窄的范围之内，以监视和督促他的行为的时候，孩子就会出现这种精神不专注和消磨时间的现象。我们应该给孩子多一些活动的机会，让他和别的孩子一道玩耍，一道分享。

他以前很喜欢到学校去。

这意味着他过去的教师对他并不严厉。那时候，他轻易地

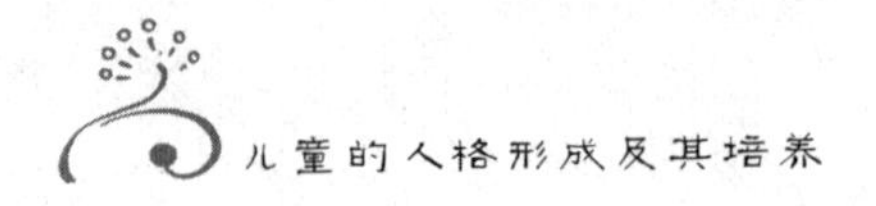

哗众取宠。

他经常丢失课本。他不害怕考试,他总相信他能出色地做好任何事情。

这一特征非常普遍。如果一个人在任何情况下都持乐观态度,那就显示出他并不相信自己的能力。这种人当然是悲观主义者,但他们总有办法罔顾逻辑,陶醉在他们凡事都能取得成功的幻梦里;他们遭到失败时也不会流露多大的惊讶。他们无法摆脱宿命论的感觉,这种感觉使他们以乐天派的面目出现。

他无法集中注意力。一些教师喜欢他,另一些教师则很不喜欢他。

无论怎样,情况好像是一些比较温和的教师喜欢他的举止,他也较少给他们带来麻烦,因为这些教师没有对他提出多大的要求。如同很多被宠坏的孩子一样,他既没有专注的愿望,也缺乏这样做的习惯。在6岁以前,他还没有感到过有这样做的必要,因为他母亲什么事情都帮他完成。他生活中的一切事情都有人预先为他安排妥当,他就像一只不愁吃穿的笼中小鸟。他对生活的欠缺训练和准备在他面对困难的时候就暴露出来了。他没有掌握应付困难的办法,他对他人缺乏兴趣,因而难以与人合作。他既没有独立完成某样事情的欲望,也没有这方面的信心。他唯一的欲望就是突出自己,出风头——不费吹灰之力就能吸引人们的注意。但他无法干扰学校的秩序——他得不到别人的注意,这加剧了他的不良行为。

他对任何事情都掉以轻心,以最方便自己的方式行事。从来不会顾及他人,这构成了他生活的主旋律,他的具体所作所为,诸如偷窃、说谎等,都是这一生活主旋律的反映。

潜伏在他的生活方式下面的错误是显而易见的。虽然，母亲给予了他发展社会感情的刺激，但母亲和严厉的父亲都没有为他的社会感情的发展指明和确定方向。小孩的社会感情的发展只是局限于母亲的活动范围。在这里，小孩感到自己是人们注意的中心。

因此，他对优越感的追求不是朝着生活的有用的方向，而只是指向于满足他个人的虚荣。为使他向着生活中有益的方向发展，他的性格必须重整。要让他恢复信心，只有这样，他才会乐意倾听我们的意见。与此同时，我们必须拓展他社会关系的范围，以此方式来弥补他母亲没有完成的工作。孩子必须和他的父亲达到和解。对孩子的教育需要一步步地进行，直到小孩终于能够意识到自己以往生活方式的问题症结。一旦他的兴趣不再集中在一个人的身上，他的独立性和勇气就会随之增强，他也就会把对优越感的追求转向生活中的有用方面。

个案二

这是一个 10 岁男孩的个案。

根据学校的反映，这个孩子学业很糟糕，他的学习进度已落后了三个学期。

10 岁就已经落后了三个学期，我们几乎要怀疑这个小孩的智力是否有问题。

他现在就读三年级，IQ 常数 101。

据此可以断定，他不可能是个弱智儿。那么，造成他落后的原因是什么？他为什么上课捣乱？看得出来，他对于优越感有一定的追求，他也有一定的活动能力，但他的追求和活动都指向了无用的方面。他想发挥创造力，希望有所成就，能够得到人们的注意，但他追求的方式都是错误的。我们也可以看出他和学校对着干。他充满着抗拒和好斗的情绪，他憎恨、反抗在学校的学习生活。这样，我们也就明白他学业落后的原因了，因为这种不服从和好斗的孩子难以适应学校的固定程序。

他不情愿服从纪律和命令。

这是显而易见的。他这样做自有他的想法，也就是说他的行事有他的一套方式。如果他喜欢和别人作对，那么他肯定抗拒别人的命令。

他和其他孩子打架，他把玩具带到学校去。

他想拥有他自己的世界。

他拙于心算。

这意味着他缺乏社会感情和与此相关的社会逻辑（参阅第七章）。

他有言语缺陷，他每星期参加一次言语训练课。

这种言语缺陷并不是由他的说话器官造成的。这是他缺乏与人相处、合作所致，他的言语缺陷只是这一事实的反映。一个人的言语水平反映了这个人对与他人互相合作的态度。这小孩利用他的言语缺陷作为他抗争的工具。他没有寻求矫正自己的言语缺陷——对此我们不必感到奇怪，因为对他来说，要矫正他的这一缺陷就意味着他必须放弃利用言语缺陷以吸引他人的注意。

当教师跟他谈话时，他左右摇摆着身体。

小孩的动作表明他随时准备着抗争。他不喜欢教师找他谈话，因为此刻他并没有受到众人的注意。如果教师在说话，而他只有听的份儿，那教师不就占上风了吗？

母亲（准确说是继母，因为他还在襁褓之中，生母就去世了）只抱怨说，小孩很神经质。

母亲这一意味深长的看法包含了小孩的一连串的过失。

小孩从小在他的两个祖母的身边长大。

一个祖母就已经够糟糕的了——我们知道祖母通常都过分溺爱孩子。她们这样做的原因值得深思。这是我们文化的缺陷——老年人在社会上丧失了他们的位置。他们反抗这种待遇，希望得到公平的对待，这本来无可厚非。祖母想证明自己的存在的重要性，为此目的，她宠爱、呵护孩子，使孩子依恋她。以这种方式强调自己理应得到承认的权利。

如果孩子有两个祖母，那就意味着这两个祖母之间展开了一场激烈的竞争。她们都想证明孩子喜欢自己甚于喜欢对方。当然，小孩处于两个祖母之间的竞争中，犹如置身于一个快乐的天堂，他尽可以随心所欲。他只需说："外婆或奶奶给了我这样的礼物"，那么另一个祖母就会想到压倒对方。在家里，这孩子是人们注视的焦点，他的目标就是要得到别人注意。现在他到了学校，在这里他缺少了他的两个祖母，他的周围只是教师和许多同学。在学校，他要取得众人注视的唯一方法就是反抗和不服从。

他和祖母生活在一起的时候，学业成绩并不理想。

他无法适应学校的生活，他没有得到过适应学校生活的训练准备。学校是对他与人合作能力的一种测试。在与人合作方面，他没有得到过任何训练。他母亲是训练他的这种合作能力

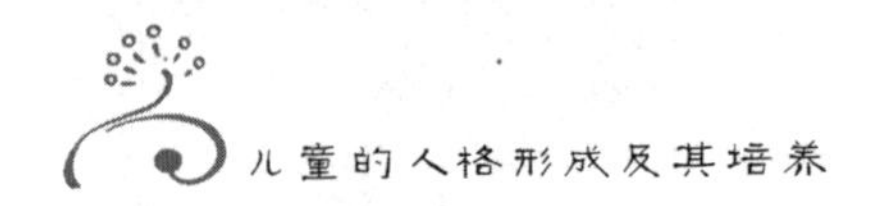

的最佳人选。

他的父亲在一年半前重新结婚了，孩子跟父亲和继母生活在一起。

孩子的处境当然是比较困难的。一旦继母或者继父介入了孩子的家庭生活，小孩就开始出现麻烦，或者，他的麻烦就会有增无减。继父母带来的难题是一个由来已久的传统问题，这难题一直没有得到妥善解决。孩子尤其受到这种难题的影响。甚至最好的继母，一般都会遭遇到麻烦。我们不是说继父母的问题无法解决，但这问题的确只能在某种程度上得到解决。继父母不应该把孩子对他们的喜爱视为理所当然，而是应该尽最大所能去争取他们的喜爱。由于两个祖母把孩子的情况弄得异常复杂，他的继母与孩子相处的难度加大了。

当孩子的继母刚刚进入这个家庭的时候，她试图向这个孩子表示爱意。她尽其所能去赢得孩子的欢心。孩子的哥哥也是一个制造麻烦的孩子。

家庭里面还有另一个好斗的孩子，兄弟之间的较量更增添了家庭里面一种竞争气氛。

孩子害怕并且服从父亲，但他不听母亲的话，她因此向父亲投诉孩子不好的地方。

这些话确实表明母亲无法履行教育孩子的任务，所以她把这一工作交给了孩子的父亲。母亲向父亲反映孩子的一举一动，并且她用这样的话威胁孩子们，“我会告诉你们的父亲”，一旦出现这种情况，孩子们就会认为：她拿他们没办法，她已经放弃管教他们了。这样，他们就会寻找机会对她颐指气使。如果母亲以上述的方式说话和行事，那她其实是在表达她的一种自卑情结。

如果孩子保证表现良好，那么母亲就会带他们外出游玩，并且买礼物送给他们。

母亲处于一种困难的境地。为什么呢？她处在祖母的阴影之下，因为祖母在孩子们的心目中有着更重要的分量。

祖母只是不时地来看望孩子。

一个不时地只逗留几个小时的人，很容易扰乱父母对孩子的教育，给孩子的母亲留下一大堆麻烦。

家里好像没有哪一个人真正地喜爱这个孩子。

看上去人们都不再喜欢这个孩子。甚至祖母在纵容、宠坏孩子以后，现在也不再喜欢他了。

父亲用皮鞭对付这个孩子。

给孩子一顿鞭子并不会给他的进步带来多大帮助。孩子喜欢别人赞扬，如果他得到赞扬，他就会高兴满足。但他不知道采用何种正确方式去获取别人的赞扬，他更喜欢不用付出努力就能获取教师的赞扬。

一旦他获得赞扬，他就会更加努力学习。

所有想引人注目的孩子当然都是这种情况。

孩子的教师不喜欢他，因为他总是一副闷闷不乐的样子。

他也只能采用这种手段，因为他是一个好斗、抗拒的孩子。

小孩尿床。

这表明他渴望得到别人的注意。他不是以直接的方式，而是以间接的方式表示他的好斗和不满。这种孩子如何以间接的方式对付他的母亲？他尿湿被褥，迫使她半夜三更从床上爬起来；他夜晚大声惊叫；在床上阅读，迟迟不想睡觉；早上不起床；

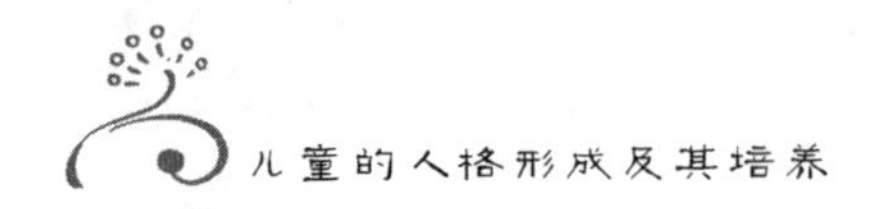

沾上不好的进食习惯。一句话，他有办法迫使母亲围着他转，无论是白天还是夜晚。尿床习惯和言语缺陷——这是他用以对付他的环境的两样武器。

为戒除他尿床这一坏习惯，母亲试图在夜里几次唤他起来小便。

他母亲迫不得已，在夜里要起来数次看视他。因此，孩子达到了他的目的。

其他孩子不喜欢这个男孩，这男孩总想指挥、命令他们。一些弱小的孩子试图模仿他的样子。

这男孩是一个虚弱和气馁的人，他不想以勇敢的方式生活。学校的一些较弱的孩子喜欢模仿他的行为方式，因为对于虚弱的孩子而言，这男孩的行为方式是获取别人注意的最佳办法。

但他也没有完全招惹人们的恶感，"一旦他的功课完成得很好，其他孩子都会喜欢承认他取得进步"。

当他取得进步时，孩子们就会高兴。这反映了教师教育得法。男孩的教师很懂得如何在孩子们之间培养合作的精神。

这个男孩喜欢在街头和其他孩子踢球。

当男孩确信能够表现出色时，他就喜欢和其他孩子发生联系。

我们和母亲讨论了孩子的情况并向她解释：在与男孩和祖母的关系中，她处于一种困难的境地。同时我们向她说明：男孩嫉妒他的哥哥，并且总是害怕不如他的哥哥。在我们和孩子谈话的时候，尽管我们告诉男孩诊所里面的所有人都是他的朋友，他仍然一言不发。对于男孩而言，说话就意味着互相合作。他想表示他的反抗，所以他始终闭口不言，这表现了他缺乏社会感情——这情形和他拒绝纠正自己的言语缺陷如出一辙。

这男孩的抗拒方式看上去令人吃惊，但事实就是：甚至成年人在参与社会生活当中也是以同样的方式行事——他们通过一言不发来表示他们的抗拒情绪。一对夫妻爆发了一场激烈的口角。丈夫大声向他的妻子吼道："你看，现在你又不吱声了！"她回答道："我不是不吱声，我只是不说话！"

这个男孩也是这样，他"只是不说话"。谈话结束的时候，他被告知他可以走了，但他好像并不愿意离开。他心里充满着敌对的情绪。我们告诉他讨论已经结束了，但他仍不离去。我们要求他在下一次会面的时候和他父亲一起来。

与此同时我跟他说："你不说话是很正常的，因为你总是做与别人的要求相反的事情。如果人们要你说话，你就会闭口不言；如果人们要求你保持安静，你就会讲话以扰乱课堂纪律。你认为这样做很了不起。如果我告诉你，不要说话！那么你就会开口说话了。我们只需要向你提出和我们的希望相反的请求，就能引你上钩。"

很明显，我们能让这个小孩开口说话，因为他感到有必要回答我们的问题。这样他就会通过言语交谈与我们合作。之后，我们就可以向他说明他的情况，使他意识到自己的错误所在，通过这种方式他就会逐步改进。

在这一方面，需要谨记的是，只要小孩所处的旧环境不变，他就得不到动力去做出改变。他的母亲、父亲、祖母、教师、伙伴，和他的生活方式紧密相连。他对他们的态度已经固定。他来到了诊所以后，发现自己进入了一个全新的环境。事实上我们必须尽量为他营造一个崭新的环境。在这里他会更加充分地暴露出他在旧有环境所形成的性格特征。在这种情况下，不妨告诉这个小孩："你千万不要讲话。"对此他会回答："我就要讲话！"通过这样的方式，在正式跟他进行交谈之前，我们就能先行扫除他的抑制心理。

孩子在诊所一般都面对众多的人，这种场面会给他们留下深刻的印象。这种新的环境会使他们产生这样一个印象：他们不再局限于一个狭小的范围，局外人对他们也产生了兴趣，他们成为了一个更大的环境的一部分。所有这些都使他们更加希望在这一新的环境中突出自己，尤其是人们要求他们下次再度出现。他们知道在诊所将会发生什么事情——人们会向他们提出问题，会了解他们的进展情况等。一些孩子每周上诊所一次，有些孩子则每天去一次——这视他们的情况而定。人们会训练他们对待教师的态度和行为。这些孩子知道：在这里他们不会受到人们的责备和批评，他们做的每样事情都公开地接受人们的评判。这种做法总会给这些孩子留下深刻的印象。如果一对夫妇发生争吵，其中一人打开了窗户，那争吵就会停止，这是因为情况发生了变化。因为当窗户敞开，人们都可以听到他们的讲话时，他们自然不想赤裸裸地暴露出自己的性格弱点。这是孩子迈出的第一步，小孩来到诊所的时候我们就帮助他们迈出了这一步。

个案三

该个案中的男孩是家中的长子，年龄 13 岁半。

在 11 岁的时候，他的智力商数为 140。

我们或许可以说他是一个聪明的孩子。

自从他进入中学的第二学期以后，他的学业就一直停滞不前。

根据我们的经验，如果一个孩子相信自己很聪明，那么他就总会认为自己可以不费吹灰之力达到自己的愿望。这样的后果就是这种孩子无法真正取得进步。例如，这些孩子到了青春期会感觉自己比实际上要长大成熟。他们想证明自己不再是小孩子。他们越想表达自己，他们就越会碰上现实生活的困难。他们开始怀疑自己是否真像他们一直相信的那样聪明能干。我们不宜告诉一个孩子他得到了140的智商。孩子们不宜知道他们获得的确切的智力商数，他们的父母也不宜知道这些东西。正是这些不宜的做法给孩子带来了危机，它解释了一个聪明的孩子为何在后来的生活遭遇失败。一个野心勃勃的孩子，如果他不确切知道应该采用何种正确的方式获取成功，那么，他就只能往错误的途径上发展。这些错误途径包括变得懒散倦怠、虚度光阴、自杀、犯罪、或者罹患神经疾病。孩子们会想出无数花样繁多的借口和托词为自己在错误、无用的途径谋求发展的举动做辩护。

孩子喜欢的科目是理科。他和比他年幼的孩子交往。

我们知道孩子为达到获得轻松、自在的感觉，使自己高人一筹，或成为其他孩子的领袖这一目的，他们喜欢和比他们年幼的孩子待在一起。如果孩子总喜欢跟年纪比他小的孩子相处，那事情多少有蹊跷之处，虽然情况并不绝对如此——有时候，这孩子对其他孩子采取的是一种父亲式的态度。但孩子的这些行为或多或少跟孩子的虚弱有关，因为要表达他的父性，他就势必回避和比他年长的孩子玩耍。他是有意识地采取这种回避行为的。

他喜欢玩足球和垒球。

我们可以假设他是这两项运动的高手。或许我们会听到人们说，他在某些方面表现出色。但除了这些，他对其他事情却丝毫提不起兴趣。这意味着一旦他能有把握取得成功，他就会跃跃欲试。但一旦他对取得成功心中没底，他就拒绝参与。这种态度做法当然并不足取。

他经常玩纸牌。

这意味着他在消磨、打发时间。

沉迷纸牌游戏似乎使他不再留意按时上床休息和准时完成功课。

这些是孩子家长对孩子的真正不满意的地方，这些不满都集中在相同的一点。孩子无法在学习上取得进步，所以他只能胡乱打发时光。

他在婴儿期发育缓慢。两岁后发育开始迅速。

我们不清楚为何他在两岁前发育缓慢。或许他受到溺爱，这造成了他成长缓慢。受到溺爱的儿童不想说话、走路，或者运用、发挥他的身体机能。因为他们喜欢别人照料他们的一切。这样，他们没有得到促使他成长的刺激。但他后来成长迅速，对此的唯一解释是他获得了他的成长所需要的刺激。或许这种刺激很强烈，这促使他成为一个聪明的孩子。

诚实和顽固是孩子的显著特征。

仅仅了解他有诚实的特点并不足够。诚实的确是一个很不错的优势，但我们不知道这小孩是否利用他这种诚实来挑剔、批评别人。他可以把这一特征引为自豪。他喜欢对别人指手画脚，指挥他人，而他的诚实特点可以是他追求优越感的一种表达。我们不能确定，一旦他的处境对他不利，他是否照样保持诚实这一特点。至于他的顽固特征，我们可以发现他喜欢由着自己的性子，喜爱显示自己的与众不同和能够不为他人所动。

他欺负他的弟弟。

我们的判断通过这一陈述得到了证实。他想驾驭别人，因为他的弟弟不肯对他俯首帖耳，所以他就欺负他。这种行为并不是诚实的表现，只要真正了解他，就可以知道他类似于一个说谎话的人。他喜欢吹牛炫耀自己，他表现出一种优越感。其实他表现的是一种优越感情结，但这种优越感情结清楚显示出他在骨子里正承受着自卑情结的折磨。因为别人对他过于看重，所以他就低估自己。因为他低估自己，所以他就用吹牛来补足自己的欠缺。对一个小孩过分赞扬并不可取，因为这样会使他认为别人对他寄予厚望。当他不能轻易满足别人的期望时，他就开始害怕了，结果就是他采取办法以掩藏自己的弱点。所以，他做出欺负他的弟弟的行为。这就是他的生活方式，他感到他的坚强和自信都不足以帮助他独立妥善地解决他遭遇的问题。这就是他喜欢玩牌的原因。当他忙于玩牌的时候，再没有人会注意他的不足的地方，甚至在他学习成绩不好的时候，也是如此。他的父母会说，他功课不好是因为他嗜好玩牌，这样，他的面子和虚荣心就被保住了。他紧抱这一念头不放："是的，因为我喜欢玩牌，所以我学习成绩不好；如果我不玩牌，那我就会取得出色的成绩。但，我还是爱玩牌。"这样，他就满足了，他心里很得意，因为他毕竟可以取得出色的成绩。小孩在不明白自己的心理逻辑的情况下，尽可以安慰自己，把自己的自卑情结隐藏起来,不让别人和自己看见。只要他坚持这样做,他就不会有所改变。为此原因,我们必须以一种友好的方式,帮助他明白自己的性格和活动,让他知道他做出这样的举动是因为他感到无力完成他的任务,他把能力和规章都花在掩藏自己的虚弱和自卑感上面。我们必须以一种友好的方式从事我们的工作,还要辅之以不断的鼓励。我们不应该总是给予他赞语,反复炫耀他的智力商数——或许正是这种反复的提示使他害怕不能凡事取得成功。我们很清楚,在一个人的一生中,智力商数并不十分重要;优秀的实验心理学家都知道一个人的智力商数只是显示这个人在做这次测试的时候的情况。生命相当复杂,不是类似的测试所能反映得了的。获得高的智力商数并不证明这小孩就能解决他的人生问题。

这男孩的真正困难是他的自卑感以及他的社会意识的缺乏。这一点有必要向他解释清楚。

个案四

这个个案中的男孩 8 岁半。这一个案显示孩子如何被家长宠坏。罪犯和神经病患者主要出自这一类从小受到溺爱的人。

我们时代的当务之急在于停止娇宠、溺爱孩子。这并不是说我们就不能喜爱他们,这只是意味着我们不能纵容他们。我们要视他们为地位对等的人和朋友。这一个案的价值在于它向我们展示被宠惯的孩子所表现出来的特征。

小孩的问题是:小孩每一年级都要重读一次,他现在还在读三年级。

小孩刚就读学校就要留级，这让人怀疑孩子的智力是否出现问题。我们在分析他的情况时要记住这一点。但如果小孩开始学习时进展顺利，后来才出现了问题，那他智力有问题的可能性就可以排除了。

他以幼儿的咿呀方式说话。

他希望获得家人的宠爱，所以他模仿幼儿的说话方式。这意味着他心目中有一个目标，他认为模仿幼儿的举止会给他带来优势。他的这一有意识的计划排除了他有可能弱智的假设。他没有得到训练去应付学校的生活，所以，他不喜欢在学校学习，也没有在学校争取与人交往。他通过敌视、反抗他的环境来表达他的追求。这种敌视、反抗的态度换来的结果就是他在每一年级都留级重读。

他不服从他的哥哥，并且和他进行激烈的争斗。

由此可看出，孩子的哥哥对于他是一种妨碍。我们可以假设，这个哥哥是个表现良好的孩子。孩子跟哥哥竞争的唯一手段就是表现坏的行为。在他的睡梦中，他想象着如果他是个幼儿，那他就能超过哥哥。

孩子在一年零十个月的时候学会了走路。

他可能患了佝偻病。如果他在上述的年龄以前没有学会走路，那有可能是受到家人太多的看视，在这一段时间他母亲和他形影不离。他身体不好促使母亲更加注意看视他、溺爱他。

小孩很早就学会说话了。

那么我们可以肯定小孩并非弱智。孩子弱智主要表现在孩子很难学会说话。

他总是以幼儿呢喃的方式说话。父亲很宠爱他。

他父亲也溺爱、纵容他。

小孩更喜欢他的母亲。家里有两个小孩。据母亲说，哥哥非常聪明。两个孩子竞争很厉害。

在同一个家庭里面孩子之间通常展开竞争，这种竞争尤其在年长的两个孩子之间展开，两个同时长大的孩子之间都免不了一番争斗。当第二个孩子诞生的时候，第一个孩子的优越位置就被推翻了，这种情形我们已经谈到过（详见第八章）。只有培养、训练孩子的合作精神，才能避免出现激烈竞争的情形。

他算术学得不好。

对于被宠惯了的孩子来说，最困难的学习科目通常就是算术，因为学习算术涉及某种社会逻辑，而这点正是被宠惯的孩子所欠缺的。

他的头脑肯定有点问题。

我们没发现这种情况。他的所作所为都有他的道理。

小孩的母亲和教师都相信孩子有手淫行为。

他有可能这样做，很多孩子都有手淫行为。

他母亲说他眼眶呈黑色。

我们不能根据孩子的眼眶有黑色就断定他有手淫行为，虽然人们通常这样怀疑。

小孩对食物很讲究。

我们已经看到小孩总是想得到母亲的注意，甚至在他进食的时候也是这样。

他很怕黑。

怕黑也是孩子受到溺爱的标志。

小孩的母亲说小孩有很多朋友。

我们相信这些朋友都是听任这小孩指挥、驾驭的孩子。

他对音乐很感兴趣。

检查一下喜爱音乐的人的耳朵外形会对我们有所启示。有音乐才能的人的耳朵外形更有曲线。检查这个小孩的耳朵以后，我们肯定这个孩子具有敏感、细腻的听觉。听觉的敏感表现为喜好和谐的音乐，具有这种敏感听觉的人更有能力接受音乐的训练。

他喜欢唱歌，但患有耳疾。

这种人很难忍受生活中的噪音，比其他人更容易罹患耳疾。听觉器官的构成是遗传的，这就是音乐天赋和耳疾能遗传给下一代的原因。这男孩受耳疾的困扰，他的家人对音乐都很有天赋。

对男孩做出的适宜的帮助就是锻炼他的独立能力。此刻，男孩缺乏自主的能力，他认为母亲应该为他操劳一切，寸步不离他的左右。他想得到母亲的庇护，而母亲当然乐意为孩子提供这一庇护。我们从现在起就得让孩子自由地做他喜欢做的事情——包括让他自由犯错。因为只有这样，他才能学会独立自主。他需要学会不能为争得母亲的宠爱而和弟弟展开争斗。现在兄弟俩都感到对方得到母亲更多的喜爱，因此，他们都无谓地嫉妒对方。

我们尤其需要做的工作是促使孩子勇敢地正视学校学习的问题。想一下，如果他无法继续学习，那将会发生什么样的情况。一旦他脱离了学校，他就会转向生活中无用的方向发展。从某一天起，他就会开始逃学，然后，干脆从此与学校绝缘，离开家里，与不三不四的人交往。防病胜于治病，现在就要帮助他调节适应学校的生活，这总比以后处理一个少年犯事者要好。学校是一个严峻的考验。此刻，他没有得到足够的训练和准备去解决问题，他也缺乏社会意识，无怪乎他在学校遭遇种种的困难。但校方应该鼓足他的勇气。当然，学校也有它自身的难处：或许一个班里有太多的学生，或许孩子的教师不大懂得如何激发孩子内心的勇气。这是事情的可悲之处。但如果这男孩能得到教师的帮助——这教师恰到好处地鼓起他的勇气，使他重振信心——那这个小孩就能获救。

个案五

一个10岁女孩的个案。

女孩学习算术和拼写感到很吃力，学校介绍她到心理诊所诊治。

算术对一个被宠坏的孩子来说通常都是一个困难的科目。被宠坏的孩子不是绝对地拙于计算，但这种孩子算术成绩不好却是我们碰到的普遍的情形。很多时候左撇子儿童对拼写感到困难，因为他们惯于从右向左阅读。他们能正确阅读和拼写，但采用的是相反的方向。他们知道他们阅读有困难，但他们只是轻描淡写地说他们阅读或者拼写常出差错。因此，我们怀疑女孩是个左撇子。或许另有别的原因造成她拼字困难。她现在是在纽约，但我们要考虑到她有可能来自另一个国家，因为她不怎么熟悉英语。如果女孩的情况发生在欧洲，我们就不必有这种考虑。

她以往生活历史的几个关键之处：她的家庭在德国失去了大部分财产。

我们不知道小孩一家何时从德国抵达。这女孩有可能经历过富裕的生活，之后，这种优裕的生活停止了。改变了的新处境宛如一道新的测试。在新的处境中，女孩暴露出在这之前她是否得到过正确的培养、是否掌握了与人合作的能力、她是否能调节适应新的社会、具备了足够的勇气。新的处境同样暴露出她能否承受贫穷生活的重负——也就是说，她是否学会了在生活中与人共同合作。看来，这女孩与人合作的能力有所欠缺。

在德国她学习成绩不错。她 8 岁离开德国。

这是发生在两年前的事情。

她在这个国家学习不怎么好，因为她拼写感到吃力，另外，算术在德国的教授方式与这里有别。

教师并不总照顾到学生碰到的诸如此类问题。

她受到母亲的溺爱，她很依恋母亲。对父母双亲都同样喜欢。

如果询问孩子这一问题："你更喜欢的人是谁，你的母亲，抑或父亲？"他们一般都会这样回答："我同样喜欢他们！"这种回答是他们从别人那里学来的。要检验这种回答的真实性有许多方法。一个好办法就是让孩子坐在父母之间。我们和他们的父母讲话时，孩子转脸看着的那一位就是她依恋更深的人。父母都在一间房里，当小孩进入房间的时候，她同样会走到她更喜爱的人那里去。

女孩有一些和她同样年纪的女朋友，但为数不多。她的最早回忆是：在 8 岁的时候她与双亲待在乡下，他们经常和他们的狗在草地上玩耍。那时候他们还拥有一辆马车。

她记住了她的富裕享受，还有草地、狗和马车。这类似一个经历过富裕生活的人——他总是回首过去他拥有汽车、马匹、仆人和漂亮房子的日子。女孩的不满情绪我们可以理解。

她做着圣诞节的美梦，还有圣诞老人带给她的各种礼物。

女孩的梦反映了她的人生态度。她总渴望得到更多的东西，因为她感觉受到别人的剥夺，她想重新得到她过去曾经拥有过的一切。

她倚傍着她的母亲。

这是她感到气馁的迹象。同时，这表明她在学校遭遇到困难。我们向她解释：她比别的孩子遭遇到更多的困难，但只要努力学习和增强勇气，她就会取得学业的进步。

她再次来到诊所，母亲没有陪她一同前来。她学业取得了一定的进步，在家里，她独自完成自己该做的事情。

因为在这之前，我们建议她：要争取独立，不要依赖母亲，要独立完成自己的工作。

她为她父亲煮早餐。

这是她在培养与人合作的能力的表现。

她认为自己比以前更具勇气了，她在这次会面中表现得比较轻松。

我们要求她下次同母亲一起到诊所来。

她和她母亲来到了诊所。她母亲是第一次来到诊所。她母亲忙于工作，在此之前无法抽空前来。据她反映，这女孩是养女，她在两岁的时候成为他们的养女，但女孩本人不知道自己是被收养的孩子。在出生后的头两年，她先后转换了六处人家。

女孩的过去并不美妙、愉快。在她两岁前似乎历经了一番磨难。这孩子可能遭人遗弃，被人忽略，现在，她得到了她的养母的良好照顾。小女孩想维持现在这种良好的处境，因为她无意识地保留着早年所遭受的种种不幸的印象。两年间的遭遇会给小孩留下很深的印象。

当养母接养这女孩的时候，她被告知要严格管教这个女孩，因为女孩出自一个坏的家庭。

做出这一建议的人接受了遗传论的毒害。如果养母管教严格，但女孩还是不免成为问题儿童，那这个判官就会说："你们看，我的看法是对的！"殊不知，他的这种看法对孩子成为问题孩子一事负有罪责。

女孩的生母是个坏女人，加上这小孩不是养母的亲生女儿，所以，女孩的养母更感到了自己责任的重大。她有时候对女孩实施体罚。

女孩的处境不如刚开始时那样美好了。很多时候她不再受到养母的宠爱，取而代之的是体罚。

女孩的养父溺爱小女孩。他满足她的各种愿望。如果女孩想得到某样东西，她不会说"请"或者"谢谢"等，她只是说："你不是我的母亲。"

小孩要么知道她身世的真相，要么她懂得说上一句击中要害的话。我们认识一个20岁的男孩，他不相信他的母亲是他的亲生母亲，但他的父母都肯定地说：小孩不可能知道自己的真实身世。事实很明显，这男孩有他的感觉。孩子能从很微小的事情得出自己的结论。虽然"女孩不知道自己是个收养孩子"，但有时候这类孩子会感觉到事情的真相。

她这话是向母亲，而不是向父亲说的。

她父亲并没有给她机会以这样的方式攻击自己，因为他满

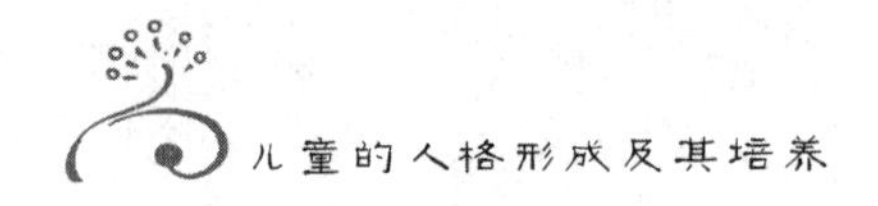

足了她的所有愿望。

母亲不明白小女孩为何在新学校遭遇这样的改变。现在,女孩收到了非常糟糕的成绩单,母亲迫不得已要体罚她了。

这可怜的女孩得了糟糕的成绩,她为此感到屈辱和自卑。现在母亲还要揍她屁股,这是过分的做法。这两者——获得一份糟糕的成绩单和挨一顿屁股——其中之一就已经糟糕之至。这一情况值得教师深思。他们应该意识到:给孩子发出差劲的成绩单,就意味着孩子回到家里将遭遇麻烦。一个明智的教师,如果知道发给孩子一张差劣的成绩单意味着孩子将挨打受罚,那就应避免这样做。

这女孩说,有时候她忘记控制自己,狠发一大通的脾气。她在学校情绪亢奋难捺,她干扰了课堂的学习。她认为自己理应超越别人。

这个独女被父亲惯坏了,她习惯了别人对她百依百顺。她想独占鳌头的欲望是不难理解的。在过去,她有过优越富足的生活。她感觉被人剥夺了过去她所拥有的优势。现在她对优越感的追求比起以往更加强烈。但由于她缺乏追求优越感的渠道,所以,她发脾气,给他人制造麻烦。

我们向这女孩解释:她必须学会与他人合作。我们告诉她,她情绪激动,是因为她想超越别人,引人注目。她通过发脾气来吸引别人的目光。因为她母亲对她的成绩不满意,她为了和母亲怄气,所以,在学校不用功学习。

她梦见圣诞老人给她带来许多礼物。梦醒以后,却发现实际上自己一无所有。

她想勾起拥有自己喜欢的一切的感觉和情绪,然后"醒来发现一无所有”。我们不要无视这里面隐藏的机关。如果在梦里我们勾起类似的感觉和情绪，而醒来却发现一无所有，那么，我们自然感觉到失望。但睡梦引起的感觉是和我们在清醒时候的情绪互相吻合的。换句话说，做这个梦的目的不是要勾起那种拥有一切的奇妙感觉，而是要体会失望的情绪。为此，她做起类似的梦，直到她达到目的——体会失望的情绪——为止。人在心情忧郁的时候，会做起各种美梦，以便醒来后发现一切都是相反的样子。我们可以明白为何这女孩希望感觉到失望。她想对她母亲发出指控，因为她目前的生活在她看来漆黑一团。她觉得她一无所有，而母亲什么也没有给她。“她揍我屁股，只有父亲满足我的要求”。

对这一个案做一番总结，可以看出：这女孩很想体会失望之情，这样，她就可以指控、怨恨她的母亲，她现在是跟母亲开战。如果我们要让她停止这样做，我们就必须能够使她确切意识到她在家的行为、她的梦、她在学校的表现都如出一辙——这些都是她的错误生活方式的一部分。由于她在美国只待了很短的时间，她的英语水平还没有提高。这一事实主要造成了她错误的生活方式。我们必须使她相信，她碰到的这些困难其实可以轻松地克服，但她却把这些困难作为和母亲争斗的武器。我们也同样必须说服母亲停止体罚她的孩子，这样，她就不会给予孩子跟她争斗的借口了。必须让小孩意识到“我在学校上课精神不集中，常常控制不了自己的情绪，因为我想给母亲制造麻烦”。如果她清楚这一点，那么，她就能够停止表现不良的行为。在她充分认识到她在家里和在学校的感受和所作所为的全部含意之前，要改变她的性格当然绝无可能。

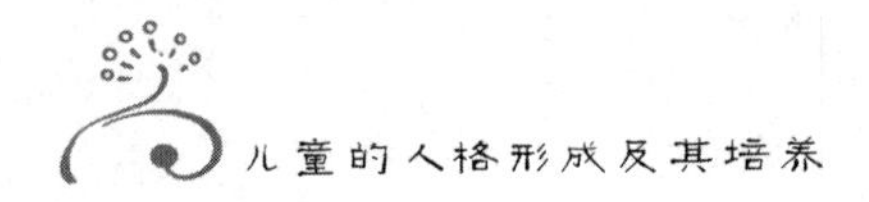

这样，我们就明白心理学到底是什么——心理学就是了解一个人到底如何处理、应用他的印象和经验。或者，换个说法，心理学试图了解一个儿童的整套知觉系统——孩子以此指导自己的行为，对刺激做出回应；了解这个儿童如何看待某些刺激、他对某些刺激的回应，以及他如何利用它们达到自己的目标。